咖啡女子

引領妳找到最愛的咖啡風味，讓每天更加香氣四溢。
愛喝咖啡的女生們，一起享受有關咖啡的各種體驗吧！

瑞昇文化

找到專屬自己的咖啡

「想稍微喘口氣」、「想悠哉一下」、「想換個心情」——這些時候人們拿在手上的多半是咖啡。在我們的生活、工作以及各種場景裡，咖啡都是不可或缺的飲品。

街上到處都是時尚的開放式咖啡廳以及咖啡站，老闆與咖啡師也都會細心地為客人解答問題。

與老闆、咖啡師的交流讓人開始對咖啡產生興趣，也讓心中的咖啡世界越來越寬廣……咖啡就是這麼有魅力的飲品。

咖啡就如同料理、甜點、飲品及各種食材一樣擁有其各自的深奧之處，但是其實咖啡的生產者、買家、烘焙師、咖啡師、製作者及賣家，都一致想要傳達「咖啡並不艱澀難懂，希望大家都能更輕鬆更自由地品嚐」。為了不讓大家產生咖啡＝複雜的印象，咖啡豆的說明都盡量寫得簡單易懂，並藉著設置試飲區，讓人們更熟悉各種咖啡，甚式是提供花式咖啡等，各自致力於不同的推廣方式。

咖啡讓人覺得是以男性為中心的飲品，但隨著女性參與社會活動日漸頻繁，情況有了急遽的轉變，如今女性越來越能接受咖啡，也讓下列兩個詞語變成時下的關鍵字。

咖啡進入家庭

傳授沖煮咖啡的咖啡教室越來越受歡迎，只要學會在家煮咖啡，每天的生活就能變得更有趣，生活型態也會變得更加豐富。

咖啡體驗

男性的咖啡體驗大致上屬於「個人體驗」，但是女性通常比較重視「分享體驗」。在咖啡廳喝咖啡、在現場烘焙的咖啡店買咖啡豆，然後在家裡磨豆子煮來喝，或參加咖啡講座……這些為了咖啡而舉辦的事都屬於咖啡體驗之一。

本書以希望更多的女性能「透過咖啡的體驗享受屬於咖啡的樂趣，同時讓生活型態變得更豐富」為宗旨，也希望本書能更貼近喜愛咖啡，對生活採取正向積極的女性能喜歡本書，所以將書名取為「咖啡女子」。

全國的咖啡女子們！接下來就讓我們一起享受有關咖啡的各種體驗吧！！

Contents

Contents

第5章　了解烘焙的新世界

第6章　享受咖啡時光

第7章　我們從咖啡找到的生存之道

※ 本書刊載內容為採訪當下之資訊。
※ 營業時間與價格可能會有所變動。商品的銷售或菜單的有無，請讀者自行與各門市洽詢。

第1章

找到喜歡的味道

本章要介紹的是為了讓每個訪客都能找到自己喜歡的味道，所以提供各種服務及世界各地特色咖啡豆的店家，這些店家也致力於推廣家用咖啡，還設有「我的配方豆」與體驗杯測的專欄，並將仔細地介紹近年來備受青睞的「低咖啡因咖啡」。

1

Meet Your Beans

品嚐‧遇見，專屬於妳的豆子

SLOW HANDS

位於東京經堂的「SLOW HANDS」是UCC集團推出的新型態咖啡館，
不但能品嚐到當年、吸取土壤及氣候精華的他國精品咖啡豆，亦能嚐到各種富含個性的咖啡。
「SLOW HANDS」認為，美味的咖啡就是遇見自己最喜歡的咖啡豆，
而經驗豐富的工作人員，一定會為您找到心頭好，搭起您與美味咖啡之間的橋樑。

※價格全部含稅 攝影 後藤弘行 片桐圭

我們準備了
各國的咖啡豆，
隨時等候您的大駕光臨。

2016年開幕的「SLOW HANDS」經堂店。從右側數來，依序為店長岩峪友美小姐、飯田麻衣小姐與木次日向子小姐。「SLOW HANDS」是女性工作人員大為活躍的咖啡館。

1

2

1 走進門口咖啡櫃檯，咖啡機豆槽裡展示著店內販售的咖啡豆（約17種）中的5種。若有感興趣的咖啡豆可以跟工作人員說，立刻就能試飲。

2 豆槽前面都放了體驗咖啡香氣的「Fragrance Dome」。「請先從體會咖啡的香氣差異開始」（岩峪店長說）。

3 這是在店面準備的迎賓咖啡。只要客人踏進店裡，就一定會送上一杯。

3

「讓咖啡成為生活的一部分」從咖啡豆到萃取道具一應俱全的咖啡館

「SLOW HANDS」的店長岩峪友美小姐提到：「與過去相較之下，在家煮咖啡的女性越來越少了。現在會在家裡煮咖啡的女性大概都是50～60歲世代。我們想讓下一個世代了解，在家煮杯好喝的咖啡，在家享受現煮的咖啡，是一種多麼美妙的生活型態。」

「SLOW HANDS」是UCC的女性工作人員為中心想像「如果自己居住的城市也有這樣的咖啡館，那該有多好」所打造的咖啡館，所以經營這間咖啡館的，都是擁有燦爛笑容的女性工作人員，而她們也是擁有豐富咖啡知識與紮實技術，並能向顧客提供各種品嚐方式建議的「咖啡設計師」。「SLOW HANDS」除了準備中南美、非洲、亞洲以及各國的咖啡之外，店內的氛圍也讓女性能輕鬆入座，而且也以女性獨有的視角提供服務，這幾位女性工作人員的細心接待，也成為本店的魅力之一。

咖啡的產地、風味以及其他相同資訊可說是不勝枚舉，若想一口氣全部介紹，可能會讓剛踏入這個世界的客人不知所措。岩峪小姐提到：「先喝一杯看看」是非常重要的體驗，所以只要客人踏進店裡，都一定會隨著「歡迎光臨」送上一杯迎賓咖啡。而且旁邊的磨豆機豆槽裡也放了很多

4 還有咖啡外帶杯（1個1200日圓）與托特包（980日圓）這類印有「SLOW HANDS」標誌的原創商品

5 架上排列著各種銷售的濾杯、磨豆機與馬克杯。

6 為了讓咖啡進入家庭生活而在店面示範的手沖咖啡。咖啡師會依照當天的氣候、豆子的狀態調整豆量與水溫。利用電子秤秤重，以保持穩定的萃取品質。

4

5

6

2

1

1 萃取櫃台。會依照豆子的種類選擇濾紙或是金屬濾網。

2 可品嚐兩種咖啡（各80ml）的「TASTING PAIR」800日圓。內容會隨機更換。照片裡的是「越南 Le Thanh An」與「尼加拉瓜 MAMA MINA莊園」的咖啡豆，搭配這兩個國家的Bean to Bar巧克力（越南與尼加拉瓜）的TASTING PAIR試飲組合。

種咖啡豆作為展示，隨時提供客人體驗咖啡豆的香氣。

「SLOW HANDS」常備的精品咖啡豆約有15種，混合的配方豆約有2種。有別於傳統替客人磨好豆子再賣的咖啡館，她們故意不設常見的展示櫥窗，而是從最少100公克的單位銷售包裝好的咖啡豆。此外，也提供各種One Mugcup Coffee單杯萃取式咖啡，很適合試喝與送禮。

店面分成1樓與2樓，也當成咖啡館的空間使用，每天都有許多客人光臨。1樓設有賣豆區、萃取區，這兩區的後面則設有客用座位；2樓則是整層設置客用座位。門口隨時敞開，從馬路就能一眼望盡店內的情況，這樣的設計，營造出在地人平常就能來店裡逛逛的開放感。客用座位有時會用一些咖啡道具裝飾，牆壁上則畫著咖啡主題的插圖，空間裝點都讓店內充滿「有咖啡的生活，是多麼快樂的一件事」。在1樓也可以近距離看到工作人員煮咖啡的樣子，感覺一切是那樣的親近。

本店提供的咖啡包含手沖咖啡（Pour Over）、濃縮咖啡、冷萃咖啡（Cold Brew），而其中以能品嚐兩種咖啡的「TASTING PAIR」（800日圓）以及可挑選三種豆子（每天更換）的

3

4

5

6

3 1樓的深處設有桌位席與吧台席。

4 2樓設有沙發與長板凳，是能品嚐著咖啡，悠哉地度過時光的空間。

5 「咖啡生活」為主題的室內裝潢。讓人想進入咖啡生活。

6 店內很多地方畫有充滿玩心的插圖。這是由插畫家IWAI RINA繪製的咖啡插圖。

7

8

9

7 試喝與送禮大受好評的One Mugcup Coffee。包裝上的插圖會依照國家改變，看起來很時髦。目前約有10種，1個約為120日圓～300日圓。

8 One Mugcup Coffee只需要將濾紙架在杯子上，再將咖啡粉倒入濾紙就能沖煮。不會浸在熱水裡的濾紙構造也是一大賣點。

9 這是店內一角的蓋章台。可在這裡蓋上店裡的標誌以及各國的插圖。有種收集的樂趣。

「TODAY'S COFFEE」（450日圓）的手沖咖啡最受歡迎。此外，還陳列了許多與咖啡絕配的閃電泡芙、瑞士卷這類甜點以及能輕鬆品嚐的Bean to Bar巧克力或烘焙甜點。

「有些客人告訴我們，店裡的工作人員多為女性，所以就算對咖啡有什麼不懂的地方，也能輕鬆地開口詢問。希望大家常來看看有什麼咖啡，就算只是來試喝也沒關係，我們準備了非常齊全的咖啡種類，價格的範圍也非常廣泛。咖啡絕對不是艱澀難懂的飲品，每個人都可自行決定喜好與口味，而且咖啡絕非趕流行的飲料，而是像茶品般，滲透日本人生活的飲品。我深深地覺得，若能在自家煮咖啡，平常的生活一定會變得更加有趣，最近也有越來越多客人在我們這裡買豆子，然後回家用磨豆機磨成粉後沖煮品嚐。若是能吸引原本不怎麼愛喝咖啡的客人走進店裡，那一定是件令人開心的事。」（岩峪店長）。

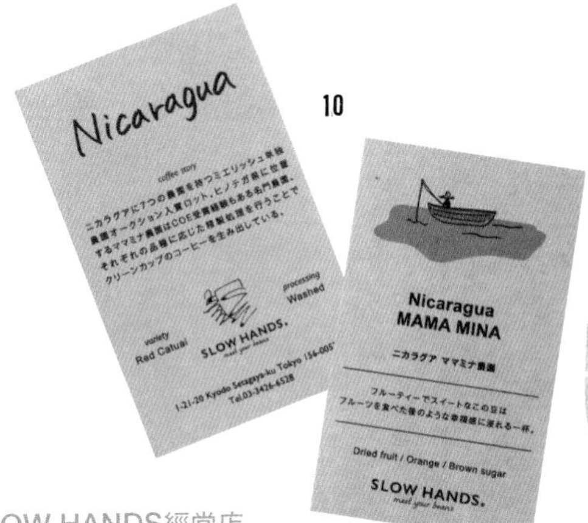

10

11

10 購買咖啡附贈的咖啡豆指南。上面有代表生產國的插圖，以及飲用方式的說明。背面記載著咖啡豆的故事。

11 這是在瓜地馬拉咖啡名產地薇薇特南果地區栽植的「Miralvalle莊園咖啡豆」1500日圓／100公克。蘊藏著象徵瓜地馬拉的濃郁風味，冷掉也能嚐得到果香，同時這也是讓忙於家事的主婦能在咖啡冷掉時，喝到咖啡美味的「卓越杯咖啡」（COE Cup Of Excellence）。

SLOW HANDS經堂店

- 地址／東京都世田谷区経堂1-21-20
- TEL／03（3426）6528
- 營業時間／10點～20點　□ 例假日／不定
- 座位數／1F16席、2F14席（室內禁菸）
- URL／https://ja-jp.facebook.com/SLOWHANDSofficial

咖啡女子的「我的配方豆」體驗！

「SLOW HANDS」每逢聖誕節或情人節這類節日，就會舉辦自訂配方豆的活動。讓平常就喜歡咖啡，愛喝綜合咖啡的咖啡女子，有機會自行混合配方豆。

攝影　片桐圭

綜合咖啡的配方只要稍微調整，味道就會跟著改變。圖中是一邊享受調製樂趣，一邊覺得迷惘的咖啡女子。

STEP 1

決定混合的主題＆了解混合的祕訣

第一步先決定主題，明確描繪出心目中的味道。咖啡女子希望調製出「送給爸爸的情人節禮物」以及符合自己口味的綜合咖啡。岩峪店長告訴咖啡女子「先決定作為主軸的咖啡豆」以及「搭配同質性的豆子」這類調製祕訣。

這是用於調製「我的配方豆」的四種咖啡豆（巴西CAMPO ALEGRE、巴拿馬翡翠莊園、衣索比亞果丁丁（Gotiti）、越南Le Thanh An）。一開始先從磨好的狀態找出喜歡的香氣。

STEP 2

從試飲的單品咖啡豆中，挑出要混合的豆子

分別試飲四種咖啡（液體）的風味，再從中挑出要做為主軸的豆子以及要混搭的豆子，藉此決定比例。咖啡女子選擇堅果香氣與酸味適中的「越南Le Thanh An」作為主軸的豆子。

STEP
3

決定配方＆綜合豆子

在岩峪店長的建議下，咖啡女子決定以50％的越南Le Thanh An以及50％的衣索比亞果丁丁混合！將各50公克的咖啡豆倒入瓶中，再搖晃瓶身，讓豆子徹底混合。這種沙卡沙卡的搖晃動作真是有趣！

STEP
4

在原創的包裝上加印「My Blend」就完成了！

咖啡女子自製的情人節配方豆完成了！可在包裝上加蓋戳印，寫字、畫圖或是加上貼心小語，也能有可愛的貼紙。

體驗美妙的咖啡世界！了解己身喜好的絕佳機會

真的會讓人更想「調製出這種味道」耶。我總算知道平常若無其事喝著的綜合咖啡是如何拿捏味道的平衡了。對我來說，這真的是首次自製綜合咖啡的體驗，真的很有趣，有機會還想再參加！（咖啡女子）

「SLOW HANDS」也會舉辦以一般顧客為對象的咖啡講座。在萃取講座（手沖咖啡初級篇）舉辦時，工作人員會一邊提供參與者建議，一邊請其萃取咖啡，當然也有參與者是帶著小孩一起來，也會聽到「能學會正確的咖啡沖煮方法，真的很開心」的聲音。我們之後會繼續實施各種企劃，讓「SLOW HANDS」成為能快樂體驗咖啡的場所。

「SLOW HANDS」的咖啡Q&A

進一步介紹「SLOW HANDS」的咖啡！
以及精製咖啡的相關小知識。

Question 01

「SLOW HANDS」提供的是哪些咖啡呢？

本店約提供17種咖啡豆，全部都符合能被稱為精品咖啡的標準。
①咖啡莊園的栽培環境、收成年度、品種及精製這類資訊都很明確的豆子、
②經過本公司的咖啡品質鑑定師（Licensed Q Grader、咖啡證照之一）
以客觀的角度品飲，得分在80分以上的豆子、
③以適當的價格與生產者交易的豆子。
本店將符合上述三個基準的，視為精品咖啡。

Question 02

「SLOW HANDS」都是如何挑選豆子的呢？

我們挑選的是讓「SLOW HANDS」顧客的生活變得更豐富的咖啡豆，
也是一邊想像客人在○○心情、○○情況下會想喝哪種豆子再挑選豆子。
此外，我們也很積極購買顛覆生產地印象、個性極度鮮明的豆子。

Question 03

值得推薦咖啡女子一嚐的咖啡？

「SLOW HANDS」的概念是"Meet Your Beans"，
所以準備了許多個性鮮明的豆子，
都能讓人驚訝地大喊「原來還有這種咖啡豆啊！」。
透過含在嘴裡、喝進肚子以及尾韻浮現的三個階段，
營造起承轉合味道的咖啡是最為推薦的。
也會推薦當年度最美味咖啡的COE（Cup of Excellence）品鑑會得獎的豆子，
因為這幾乎都是一生難得一遇的豆子，
所以都很希望咖啡女子能夠品嚐看看。

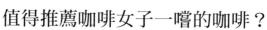

Question 04

常出現在商品名稱裡的「日曬」與「水洗」到底是什麼意思？

從咖啡果實取出種籽，做成生豆的過程稱為「精製」，而日曬與水洗都是精製方法的稱呼。
一般來說，日曬（非水洗）的豆子會以「甜味」、「厚實」的口感為特徵，
水洗的豆子則以「乾淨」、「酸味」為特徵。日曬與水洗的折衷方式就是蜜處理法，
而以這種方式精製的咖啡豆則稱為蜜處理豆。
這類精製方法的名稱有很多，且方法也有很多種，
這也代表消費者越來越有機會遇到不同個性的咖啡豆。

Question 05

新豆與老豆的差異為何？

新豆（New Crop）指的是當年度收成的豆子，
老豆（Old Crop）指的是熟成數年到數十年的豆子。
「SLOW HANDS」主要銷售的是新豆。
新豆的味道較為新鮮，輪廓也較為明顯，所以「SLOW HANDS」偏好這類豆子。

Question 06

「SLOW HANDS」的烘焙度為何？

本店的咖啡多屬中烘焙與中深烘焙，主要是因為這是最適合在家手沖咖啡的烘焙度。
目前為了突顯精品咖啡的風味與特性而採用這類烘焙度，
今後應該也會準備深烘焙的豆子。
另一方面，淺烘焙的豆子在經過手沖後，比較容易煮出酸味，
與中烘焙與中深烘焙的豆子相較之下，不僅萃取不易，烘焙的難度也較高。
「美妙的酸味」是淺烘焙最明顯的特徵，但是很多人喝不慣酸味也是事實。
我們希望提供消費者輕鬆入口的咖啡以及能夠在家沖煮的美味咖啡。

「SLOW HANDS」經堂店的咖啡講座

- 手沖咖啡初級篇：每個月舉辦兩次，一次招收3位，每位1000日圓／約1小時半
- 自訂配方豆體驗：不定期舉辦，每次招收3～4位，1名1500日圓／約1小時（附100公克咖啡豆）

※ 活動公告於「SLOW HANDS」店面以及Facebook發送。

Coffee Tasting

咖啡品飲

Étoile coffee

咖啡是否美味雖然因人而異，但還是有一些客觀的方式能分析咖啡的味道，
而這種方式就稱為咖啡品飲。
不妨稍微注意品嚐的方式，換個與平常不同的角度體驗咖啡吧？

※價格全部含稅　採訪、撰文 諫山力　攝影 戸高慶一郎

發揮自己的味覺與嗅覺，找出潛藏的咖啡魅力

咖啡豆的種類、烘焙度與萃取方式，都會使咖啡的味道截然不同，將注意力放在香氣、酸味、甜味及苦味，以更專門的方式感受味道的差異，正是品飲的目的。了解品飲的方法可進一步了解豆子的個性，也能了解烘豆師與咖啡師是抱著什麼樣的心情烘焙豆子與萃取咖啡，同時也能更有層次地品味咖啡。

位於福岡市的『Étoile coffee』定期舉辦品飲講座。山口美奈子小姐不僅是該店的老闆，同時也是JBC（日本咖啡師大賽）的評審，她提到：「說到咖啡品飲，大部分的人都覺得需要專業的技術，但其實只需要單純地品飲這杯咖啡的酸味是否充滿果香，味道是否醇厚，享受感覺上的差異即可，其他的重點就是將注意力放在隨著豆子種類而變化的味道。」

Étoile coffee的
品飲講座

分成手沖咖啡的萃取與品飲、杯測、杯測競賽三階段舉辦。

STEP 1

Paper Drip and Tasting

手沖咖啡的萃取與品飲

1

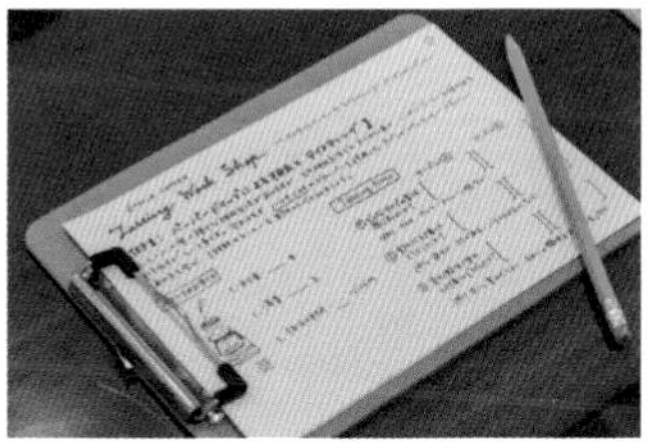

2

3

4

5

6

7

1 「在品飲時，請重視香氣、尾韻、酸味的品質、質感、透明感、甜味以及均衡度」（山口咖啡師）。
2 在山口咖啡師自製的品飲表填入自己感受到的味道。
3 用簡單易懂的方式解說以HARIO V60手沖咖啡的方法。
4 先以平常的喝法，體驗豆子造成的味道差異。
5 「味道沒有所謂的正確答案」（山口咖啡師）。
6 也有請參加講座的學員實際手沖咖啡的機會。
7 試飲種類與烘焙度各異的兩款豆子。實際體驗萃取的步驟相同，豆子種類所造成的味道差異。

STEP 2

Cupping

杯測

1

2

3

4

5

1 先確認豆子磨開之後的香氣（DRY）。光是這樣就能聞到截然不同的香氣。
2 接著沖煮杯測所需的咖啡。在中研磨的咖啡粉注入熱水，於四分鐘之內完成萃取。同時準備沖洗杯測匙的水。
3 仔細辨識熱水注入咖啡時，往上溢出香氣之間的差異（CRUST）。DRY與CRUST都是杯測的狀態之一。
4 以杯測匙舀起留在上方的液體，再以啜吸方式吸取，這就是專業的杯測方法。
5 噘起嘴巴，一口氣吸入杯測匙裡的咖啡。當液體在口內呈霧狀擴散，就能更清楚地更感受香氣與味道。

STEP 3

Cup Tasters

杯測競賽

從三杯咖啡裡，選出唯一咖啡豆種類不同的咖啡就稱為「杯測競賽」。這是咖啡競賽的競賽項目之一。

表情一開始有些生硬的學員也慢慢地融入緩和的氣氛裡。這一天的學員一起分享了「咖啡體驗」。

Étoile coffee的講座

●品飲：一個月舉辦1次，每次募集8位學員，
每位收費2000日圓／約2小時
●拿鐵拉花（初級篇、中級篇）：每月舉辦1～2次，
每次募集4位學員，每位收費3500日圓／約2小時

請於店面或透過電話預約與洽詢
預約專線：092(531)5922。

1

2

3

女性咖啡師沖煮的一杯咖啡
將讓每天的生活變得更精彩豐富

4

5

6

Étoile coffee

這間店是由在福岡精品咖啡先驅的「Honey Coffee」磨練手藝的山口美奈子咖啡師所經營。現在使用的豆子也是由「Honey Coffee」提供。目前主要提供2種配方豆以及從2種單品咖啡豆挑選一種沖煮的法式濾壓咖啡，也提供能充分感受咖啡豆酸味、果香以及其他個性的義式濃縮咖啡，非常適合搭配該店自製的烘烤起司蛋糕與其他甜點。

□ 地址／福岡県福岡市中央区平尾2-2-22一樓
□TEL／092(531)5922
□營業時間／13點～24點、星期日、國定假日12點～21點
□例休／星期三（若逢國定假日則改隔天例休）
□座位數／16個（禁菸）
□URL／https://www.facebook.com/etoilecoffee.fukuoka

1 在高宮、平尾地區設立店面，非常受到正值育兒時期的父母親歡迎。店門口也設有露天座位。
2 店裡的每張桌子皆擺放季節的花裝飾，讓人感受到女性老闆特有的細心。
3 充滿季節氣氛的日式甜點（400日圓～）搭配咖啡的組合也非常推薦。
4 比卡布奇諾使用更多濃縮咖啡的白咖啡（650日圓）也是人氣飲品之一。
5 也提供愛爾蘭咖啡（900日圓）、以碳酸水稀釋濃縮咖啡的義式氣泡咖啡（700日圓）的花式咖啡。
6 山口咖啡師提到「讓更多人由衷地感受到咖啡的美味，是我的使命」。

「這真的是低咖啡因咖啡？」
許多顧客都為了
這杯美味的咖啡
而驚豔

Decaf

吸睛的低咖啡因咖啡

innocent coffee

以重視美容、健康、飲食的女性為對象，
需求逐漸高漲的低咖啡因咖啡。
這次採訪的是致力推廣低咖啡因咖啡的
「innocent coffee」代表楡井有子小姐，
我們向她請教了低咖啡因咖啡市場的動向以及專賣店的現況。

※價格全部不含稅　採訪、撰文 江川知里　攝影 田中慶

楡井有子小姐

烘豆師及「innocent coffee」代表。1998年於自小居住的墨田區設立自家烘豆咖啡店。2004年也設立了提供餐點的「Café Sucré」，同時也從事咖啡講座的企劃、演講以及咖啡周邊道具的開發與監修。

為了讓尋求咖啡的人綻放笑容，想呈上一杯由衷美味的低咖啡因咖啡

Q 低咖啡因咖啡是什麼？

A 是去除咖啡因的咖啡，在日本稱為「caffeine less coffee」或「Non caffeine coffee」，在低咖啡因咖啡需求較高的歐洲允許將咖啡因去除率99．8％的咖啡稱為「低咖啡因咖啡」，但日本還沒設立明確的基準，於市面上流通的商品其咖啡因去除率介於50～99．9％。

Q 咖啡因是以何種方式去除的呢？

A 方法之一是將生豆泡在有機溶劑裡的「有機溶劑萃取法」，第二種是將生豆泡在水裡，萃取咖啡因以及其他的咖啡成分後，再從該液體去除咖啡因，然後再將生豆泡在該液體之中，讓咖啡因以外的咖啡成分滲回生豆，這種方法稱為「瑞士水處理法」。目前最新的方法就是將咖啡豆泡在達到超臨界（二氧化碳從液體昇華為氣體的階段）的二氧化碳之中，安全地去除咖啡因的「超臨界二氧化碳萃取法」。本店innocent coffee就是採用這種方式去除咖啡因。

Q 主要的顧客都屬於什麼類型的呢？

A 懷孕中、哺乳中的女性以及因為健康狀況，必須減少咖啡因攝取量的顧客居多，但最近各年齡層的男性與女性也開始重視健康與飲食，所以低咖啡因咖啡的需求也逐漸上升。

Q 與一般的咖啡相較之下，種類似乎比較少……

A 與全世界相較之下，日本的低

咖啡因咖啡市場還太狹窄。以低咖啡因咖啡需求最高的西班牙、美國而言，低咖啡因咖啡約佔有咖啡市場的20%，但是日本恐怕連1%都沒有，理由在於許多人認為低咖啡因咖啡是孕婦在討論的咖啡，跟自己無關，也有人對低咖啡因咖啡有「不好喝」、「不過癮」、「沒有咖啡味」的刻板印象。

Q 雖然有這類刻板印象，低咖啡因咖啡在日本也開始得到關注了呢！

A 我大概從20年前開始關注低咖啡因咖啡，也在店裡（Café Sucré）提供低咖啡因咖啡，最近也強烈感受到對低咖啡因咖啡的需求越來越高。大型飲料製造商也開始進軍低咖啡因咖啡市場，方便女性拿在手上的寶特瓶類型的低咖啡因咖啡也問世。此外，向本店購買咖啡豆的廠商也出現了變化。一直以來，他們都只購買精品豆，但現在有90%以上的店家也希望在店裡提供精品低咖啡因咖啡，低咖啡因咖啡的採購率也確實上升。

Q 榆井小姐為什麼要創立低咖啡因精品咖啡專業品牌「innocent coffee」呢？

A 「innocent coffee」是德國的Coffein Compagnie公司以超臨界二氧化碳萃取法，將哥倫比亞產的精品咖啡豆去除99.9%的咖啡因，再由我烘焙與銷售的咖啡豆品牌。與這支豆子相遇時，難以置信地浮現「居然有可回溯性如此明確，如此美味的咖啡豆！」，為了讓不喝咖啡的顧客，以及不得已只能選擇低咖啡因咖啡的顧客綻放笑容，因而有了一定要銷售這支豆子的想法。

Q 今後「innocent coffee」會有什麼發展？

A 我最重視的就是安心、安全又美味的低咖啡因咖啡。我一直希望追求更加安全與美味的低咖啡因咖啡，今後除了在國內推廣，也將進軍市場更大的國外，能讓「Made in Japan」的低咖啡因咖啡在國外市場流通，也是一件很有趣的事情。

Q 請告訴我們該如何在家裡煮一杯美味的低咖啡因咖啡。

A 跟沖煮一般的咖啡沒有什麼不同。「innocent coffee」的最高等級精品低咖啡因咖啡是以能完整萃取豆子味道、香氣的法式濾壓壺萃取，而這樣已經能充分品嚐咖啡的風味。此外，若自家附近買不到優質的低咖啡因咖啡豆，建議以手沖或法蘭絨濾煮的方式煮咖啡。重點在於，咖啡液還沒完全滴完的時候，提早將濾紙從濾壺移開。這可避免萃取到澀味與低咖啡因咖啡特有的臭味。

只要以正確的步驟萃取優質新鮮的咖啡豆，誰都能萃取一杯與一般咖啡同等美味的低咖啡因咖啡」（榆井小姐）。

「innocent coffee」的低咖啡因咖啡豆是哥倫比亞的精品咖啡豆（La Ceiba莊園）

innocent coffee 的產品

除了銷售低咖啡因的咖啡豆，也提供各種原創的低咖啡商品。

1 **精品低咖啡因淺焙咖啡豆**
2 **精品低咖啡因深焙咖啡豆**

這是自家烘焙的哥倫比亞精品低咖啡因咖啡豆。淺焙的特徵在於酸甜的果實香氣、杏桃般的香氣與潛藏的淡淡苦味。放涼後，還能嚐得到如柿子般的甜味。深焙的特徵是巧克力與堅果般的香氣以及豐富的醇味與苦味。放涼後，能嚐得到黑莓般的甜味與淡淡的酸味。各1200日圓／150公克

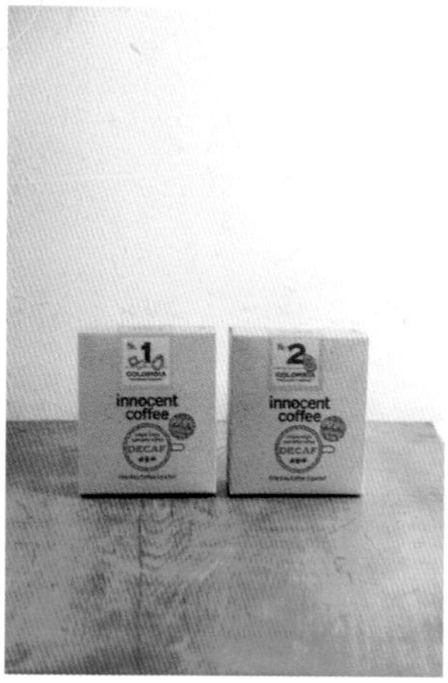

1 **精品低咖啡因淺焙掛耳包**
2 **精品低咖啡因深焙掛耳包**

注入熱水就能飲用的掛耳包，適合忙碌的早上。5包裝 1000日圓。

精品低咖啡因咖啡 淺焙茶包式咖啡

源自「希望能簡單地喝到低咖啡因咖啡」這個需求而生的茶包式咖啡。只需要將茶包放入蓄滿熱水的杯子，等待到喜歡的濃度後再拿出茶包，就能喝一杯香氣滿溢的低咖啡因咖啡。10包裝1000日圓

1 **咖啡歐蕾基底 希少糖**

這是自家烘焙的哥倫比亞精品低咖啡因咖啡豆搭配希少糖製成的微糖咖啡歐蕾基底。只需要倒入牛奶就能喝一杯美味的咖啡歐蕾。1200日圓／275毫升

2 **咖啡歐蕾基底 薑汁**

這是生薑香氣明顯的薑汁風味咖啡歐蕾基底。1200日圓／275毫升

3 **名水冰咖啡 無糖**

以獲選為環境省名水百選的北海道羊蹄山名水萃取的冰咖啡。1500日圓／720毫升

4 **精品低咖啡因咖啡凍**

掛耳式吉利丁咖啡凍。1000日圓

innocent coffee/輕井澤烘焙所

輕井澤烘焙所是「innocent coffee」與其母體的「Café Sucré」（P.30）的烘焙工廠。店裡隨時備有20種左右的咖啡豆，也時常舉辦各種咖啡講座。隔壁的建築物設有夏季限定門市「innocent coffee」，除了設有座位、陽台與藝廊這些空間，也能在這裡享用低咖啡因咖啡與自製甜點。

☐ 地址／長野県北佐久郡長倉2955-15
☐ TEL／0267（31）0976
☐ 營業時間／輕井澤烘焙所：夏季9點～18點、冬季10點～18點
☐ innocent coffee：夏季限定（4/29～10/31）9點～18點
☐ 例休／星期四
☐ 座位數／innocent coffee 32席（店內禁菸）
☐ URL／http://cafe-sucre.com

上／「innocent coffee」與「輕井澤烘焙所」。從中輕井澤站徒步6分鐘。停車場備有20個空位。
下／明亮的陽光照耀的「innocent coffee」店內一景。許多人會在假日時，從東京驅車前來喝杯咖啡。

敲開對咖啡的興趣大門，提供各種原創商品

櫃台陳列了許多附有生產者大頭貼與資訊的單品咖啡豆。這裡隨時備有約15種直接去產地採買，再由自家烘焙的優質咖啡豆。

「咖啡豆也講究產地與產季。舉例來說，現在的主要產品就是中南美的哥斯大黎加咖啡豆。即使是同一個國家、同一個時期的咖啡豆，莊園的土壤、氣候、咖啡樹的品種以及咖啡豆的乾燥方式，都會使咖啡的味道與香氣產生各種變化。」深谷幸男咖啡師如此告訴我們。為了讓顧客實際感受味道的差異，所有種類的咖啡豆都能試飲。

為了提供充實的咖啡生活，這裡除了備有各種咖啡道具，也致力舉辦適合一般大眾參加的講座（每個月舉辦拿鐵拉花、手沖咖啡、法式濾壓壺的講座）。此外，也準備了摻有利口酒的花式咖啡，希望透過各種方式讓一般大眾對咖啡產生興趣。

Discover Coffee

咖啡・新的發現

Cupping Room @ caffe bontain

Cupping Room @ caffe bontain極樂店

提供與批發自家烘焙咖啡豆的bontain咖啡總公司（名古屋市中區）
是以家庭為對象的咖啡館。除了直接從生產者進口個性豐富的單品咖啡豆，
也提供全新的咖啡品嚐方式。

※價格全部含稅　採訪、撰文　中西沙織　攝影 hurusatoayano

左／極樂店的導覽人兼首席咖啡師深谷幸男先生。長年服務於bontain咖啡總公司直營咖啡廳積攢咖啡師技術與知識。曾於JBC（日本咖啡師大賽）得到優選，現在也是該競賽的主要評審之一。

右／在極樂店能購買咖啡豆之外，當然也能在店裡喝杯咖啡。

如果有想要了解的
咖啡知識，
請毫無顧慮地詢問！

在這裡又開心又有趣！
Cupping Room @ caffe bontain 極樂店

從豆子的挑選方式到「想了解更多相關知識」——為了滿足顧客這些心情設立的「Cupping Room」。
這次特別請教店家如何挑選豆子以及為什麼提供這些如此有魅力的服務。

Point 1

盡可能提早購買新進的咖啡豆！

bontain咖啡總公司的做法是由代表親赴產地，直接進口優質的咖啡豆，因此也能盡速在店面陳列剛收成的當季咖啡豆。除了在咖啡產地世界地圖標示最新進貨狀況的訊息，也會提供咖啡豆資訊卡，作為下次選購的參考。

Point 2

選出理想咖啡豆的試飲機制

bontain極樂店隨時提供以法式濾壓壺萃取的試飲服務（咖啡豆每天更換）。深谷咖啡師提到「除了讓顧客了解豆子的差異，也希望顧客能試喝同一支豆子在不同溫度下的味道」。只要顧客願意，還可以提供豆子與萃取道具都不同的試飲服務。

Point 3

享受萃取過程的道具也很豐富

這間店也很關注顧客在家裡享受咖啡的道具。深谷咖啡師提到「初學者最適合使用不需技巧，就能萃取出咖啡豆美味的法式濾壓壺」。能將咖啡豆磨成均等顆粒的德製手搖磨豆機「COMANDANTE」、透過APP分享萃取資料的電子秤或是其他道具都能在店裡試用。

從試飲到大容量 都非常誘人的飲品服務

為了讓客人選購需要量的咖啡豆，bontain極樂店提供100公克的減量包到方便單次大量飲用的250公克、500公克划算包（600日圓／100公克～）。有時候還會銷售多種豆子混拌的組合商品。此外，若是購買200公克以上的豆子，還可試飲有拉花的卡布奇諾。

拓寬咖啡世界的花式咖啡

使用義式濃縮咖啡與愛爾蘭威士忌調製的「愛爾蘭咖啡」（800日圓）以及用心調製的花式咖啡都是這裡的特色之一。或許能在這裡遇見顛覆咖啡概念的嶄新魅力。

©Cupping Room @ caffe bontain

讓咖啡知識變得更豐富的 講座與杯測

極樂店會舉辦手沖咖啡、法式濾壓壺、拿鐵拉花這類講座，而caffe bontain總店（名古屋市中區）、bontain seminar room TOKYO（東京都品川區）則會舉辦公開杯測講座。非常建議想進一步了解與學習咖啡的人參加。

Cupping Room @ caffe bontain 極樂店

□ 地址／愛知県名古屋市名東区極楽1-25極楽Frante店內
□ TEL／052（734）9353 □ 營業時間／10點～20點
□ 例休／全年無休 □ 座位數／4席*也有共享空間的座位（禁菸）
□ URL／http://www.bontain.co.jp

Cupping Room @ caffe bontain サカエチカ店

□ 地址／愛知県名古屋市中区栄3-4-6
□ TEL／052（253）5765
□ 營業時間／10點～20點 □ 例休／全年無休
□ 座位數／4席（禁菸）

享受咖啡的方法就是慢慢地品嚐一杯咖啡。從剛萃取完成的熱咖啡到放涼後的狀態，咖啡的風味、香氣、甜味與酸味會產生令人驚訝的變化，請大家務必感受這樣的變化。

Vision of Identity

～生豆・烘焙・萃取～ 重視這三個想法

GOLPIE COFFEE

GOLPIE COFFEE川名店

由名古屋老字號咖啡公司創立的咖啡豆專賣店&咖啡店。
介紹店裡可完整欣賞從生豆到沖煮咖啡的過程
以及珍貴的海外採買小故事。

※價格全部含稅　採訪、撰文　中西沙織　攝影 hurusatoayano

德國PROBAT烘豆機擁有一次可烘焙25公斤咖啡豆的鍋爐，外觀上真的很有魄力。幾乎每天運作。

一次約烘焙10公斤的豆子，以咖啡杯換算，大約是1000杯咖啡的量。

萃取時，最喜歡使用電子秤、濾壺、濾杯一組的咖啡道具組合。

接觸煮成一杯咖啡的過程，品味咖啡深奧的世界

長年來在名古屋從事咖啡豆烘焙與批發的松屋咖啡部門。第三代老闆的河合佑哉先生，為了讓顧客能在家享受咖啡，才開始了「GOLPIE COFFEE」川名店。

走進店裡，在玻璃另一邊的大型烘豆機特別引人注目。在這裡，從生豆的烘焙開始，可接觸到在顧客眼前進行的萃取、杯測，直到咖啡入口的全部過程。

銷售的咖啡豆共有10種。綜合咖啡為了讓顧客能挑到喜歡的種類，備有中焙～深焙的種類，單品咖啡豆則為了保留咖啡感與豆子的原味，而常以中烘焙的方式呈現。

在店內的咖啡廳可喝到手沖咖啡、卡布奇諾與義式濃縮咖啡。咖啡豆可從每日精選的兩種單品咖啡豆之中挑選。第2杯有折扣，所以很適合用來比較咖啡豆與萃取方式的差異。

1 原本的總公司兼烘焙所改建之後，在2015年開幕的咖啡店。為了讓顧客「第一次來，也能毫不猶豫地走進店裡」，特地採用大面窗戶，讓光線大量進入店內。

2 河合先生的沖煮重點是在2分鐘～2分鐘30秒之內完成沖煮。之所以採用這種沖煮方式，為的是穩定沖煮的品質。不管是哪種萃取道具、萃取量或是咖啡豆都能使用這個方法萃取，請大家有機會務必參考看看。

3 擁有華麗的柑橘類果香「衣索比亞耶加雪菲科契爾」的手沖咖啡（450日圓）。搭配的是人氣西式甜點『Patisserie Vivienne』（名古屋市昭和區）的烘焙甜點。照片深處的杯子是試飲服務。

4 河合先生每年一定會前往國外的咖啡豆莊園，也都是親自烘焙豆子。非常樂意與顧客討論挑選咖啡豆的方法。

1

2

3

4

5

6

7

8

5 單品咖啡豆共有6種，配方豆約有4種（910日圓／200公克～）從易入口到較具個性的風味，都一應俱全。

6 單品咖啡掛耳包三種組合（480日圓）很適合用來嘗試新風味的咖啡。作為標誌的是三個人的側臉，這三個人分別是生產者、烘豆師與咖啡師。

7 在架上陳列的是河合先生榮獲日本第一的JCRC獎狀（日本烘豆賽冠軍2015），以及其他國際品飲會評審的證照。

8 從陳列咖啡豆的地方就能看到位於玻璃牆另一邊的烘豆室。咖啡櫃台的深處也設有杯測的講座室。

GOLPIE COFFEE

□ 地址／愛知県名古屋市昭和区駒方町2-4-2
□ TEL／052(832)0100
□ 營業時間／10點～19點 □ 例休／不固定 □ 座位數／11席（禁菸）
□ URL／http://golpiecoffee.jp

向河合佑哉先生請教

採買咖啡豆的故事

「GOLPIE COFFEE」每年都會巡訪國外的莊園。
讓我們以 Q&A的方式介紹咖啡豆的種植、收成之後的工程以及採購咖啡豆的經驗談！

Question 01

為什麼會開始巡訪莊園？

就一般的流程而言，咖啡生豆都是由公司從生產國統一進口，再批發給國內的日本烘豆師。
如果不是足夠的批量就無法採買，而且運費也很可觀，所以烘豆師很難單憑一己之力直接與莊園交易。
某次難得能與咖啡豆的批發商一起拜訪莊園，所以才能一起採買咖啡豆。
在此之前，我一直都夢想著去拜訪莊園，而且了解生產者的想法，也可以學到很多東西。

Question 02

莊園都位於何處？

大家知道嗎？美味咖啡的產地通常位於海拔較高的地方，
標高越高，氣溫就越低，咖啡豆成熟的時間就越久，也就越能累積足夠的養分，
並長成優質的咖啡豆。到目前為止，我主要巡訪的莊園都位於中美地區。
住在當地時，幾乎是一大早就從旅館出發，然後開好幾個小時的車前往遠離街區的山裡。
莊園附近有收成後，用來去除果肉的「溼處理」設備與用於乾燥咖啡豆的「乾處理」設備。

Question 03

巡訪莊園與大量採買有什麼好處？

能直接前往國外莊園採買的烘豆師非常少。
這麼做的好處除了可用自己的眼睛與舌頭確認種植的狀況與咖啡豆的品質，
也有機會買到很少在日本市場見到的稀有產品（小批量）。
此外，巡訪莊園時，還有機會遇見世界知名的烘豆師與買家。
能與業界首屈一指的這些人一起購買高品質的豆子，也是非常難得的機會。

Question 04

都會在當地做什麼呢？

除了會參觀種植設施與加工設施，最重要的就是進行杯測。
在當地會從周邊收集多處莊園的豆子，然後遮住眼睛，
只以香氣或含在嘴裡的方式評分。對我們烘豆師來說，
這是挑選豆子的重要依據，對生產者來說，也是了解消費者喜好與評價的機會。
杯測之後的討論通常都很熱絡喲！

河合先生以評審身分參加的宏都拉斯國際咖啡卓越杯（COE）的會場。身旁的是宏都拉斯與尼加拉瓜的莊園主人兼COE主席評審——愛德溫。

咖啡產地通常位於海拔較高的地方，而且地勢都很險峻，光是前往就得大費周章。照片裡，是尼加拉瓜的Embassy莊園。

圖中是咖啡樹的樹苗。之後會移植到莊園，大約3～5年可長成能收穫咖啡豆的樹。

圖中是熟到可以收成的咖啡櫻桃。除了照片這種成熟就會轉紅的品種，也有會轉黃的黃帕卡瑪拉種，或是橙色的橘波旁種。咖啡豆就是從這些果實取得。

即使是同一棵樹，豆子的成熟時期也不同。若是混有未成熟的豆子，會導致品質下滑，所以為了讓所有採收者了解成熟的咖啡櫻桃是什麼顏色，當地也會進行相關的訓練。

這是在咖啡豆收成後，進行日曬與乾燥的「Dry Mill」設施。這裡集中了從各處莊園收集而來的各種咖啡豆，也以專用的可追溯性卡片管理。

這是Dry Mill（乾燥工廠）內部的杯測工坊。實際採買時，一定會實施杯測。

圖中是哥斯大黎加的蜜處理豆。蜜處理（生產處理方法的一種）有白蜜、黃蜜、紅蜜、黑蜜這些種類，不同的程序會產生不同的味道。

照片提供／GOLPIE COFFEE

向河合佑哉先生請教
採買咖啡豆的故事

Question
05
咖啡的種植條件會影響味道嗎？

當然會！咖啡豆是從咖啡樹的果實「咖啡櫻桃」取得的農產品，
即使種的是同一品種，還是會因為當地的土壤成分以及被稱為微氣候（Microclimate）的風向，
而在味道上有所差異。一年能收成一次，每個產地都有其產季，
我常造訪的中美以晚秋～早春這段時間為收成的旺季。
咖啡豆的品質也會隨著收成當年的氣候改變，所以必須在收成後，
前往當地確認味道與品質。

Question
06
巡訪莊園印象最深刻的事情是？

實際看到生產者試種新品種與乾燥方法的改良，讓我覺得很有趣。
舉例來說，咖啡豆通常會以日曬法乾燥，
但是也有在帳篷內花時間慢慢乾燥的方法以及在去除果肉之前，
讓咖啡櫻桃繼續熟成的「Mountain Dry」方法，
或是將水洗處理過的咖啡豆再泡入水裡的「雙重水洗處理」（Double free washed），
生產者們利用許多不同的方法處理咖啡豆。挑選豆子時，將注意力放在這些處理方法也是件很有趣的事喲。

Question
07
目前關心的產地為何？

尼加拉瓜、哥斯大黎加、墨西哥及宏都拉斯這些中美國家。
這些國家除了具有適合種植咖啡的氣候與土壤之外，
最明顯的特徵就是以家庭經營的小規模量產。
近年來，他們也致力於改善品種，隨著生產者的不同，
具有各種個性與風味的精品咖啡豆便也隨之誕生。

Question
08
烘焙採買的咖啡豆時，都會注意什麼事情？

「居然會有這種咖啡風味！」我希望將自己在當地體驗到的感動傳遞給顧客，
這是我最重要的想法。目前本店提供的單品咖啡有七～八成都是直接到當地採買。
一邊感受當地的風土與空氣，一邊想像能烘焙成什麼美妙的滋味，
然後再不斷地試烘，直到能當成商品銷售為止。
我一直都很重視勾勒出咖啡豆那纖細而富有層次的味道與香氣。

第2章

找到喜歡的沖煮方式

已普及於家庭的手沖咖啡，以及慢慢普及的法式濾壓，
主要在店家享用的義式濃縮咖啡、愛樂壓與冷萃。
就讓我們請教各領域的專家
這些專業級的萃取方式以及享受這些咖啡的方法吧！

Café Sucré的手沖咖啡

只要提出需求，
店裡隨時可品嚐超過10種以上的手沖咖啡「Café Sucré」。
讓我們向手沖咖啡專家請教，
如何在家裡也能沖煮美味咖啡的方法。

※價格都不含稅　採訪、撰文　江川知里　攝影　田中慶

『Café Sucré』準備的濾杯

1 以口感溫和為特徵的安清式木質濾杯（Branding Coffee）
2 可萃取出香醇濃稠口味的金屬製濾網（Cores）
3 熱傳導極佳，且能萃取出清爽酸味的銅製濾杯（田邊金具）。
4 想喝一杯香醇又清澈的咖啡時，可選用法蘭絨濾布（HARIO）。
5 不論是誰都能沖煮得味道均衡的波浪濾杯（KALITA）。
6 在戶外也能輕鬆使用的不銹鋼 Tetra Drip濾泡架（MUNIEQ）。
7 咖啡細粉也難以通過的不銹鋼製濾杯（CERA）。

要均勻地注入熱水的話，
最推薦 Sucré 的手沖壺！

傳授我們手沖咖啡祕訣的
是山崎里美咖啡師。

萃取美味手沖咖啡的方法

「Café Sucré」特別推薦的KONO濾杯，
這次也請教她們使用這種濾杯的祕訣。

請使用
新鮮的咖啡豆喲！

KONO濾杯的特徵在於能完整萃取咖啡豆的味道與香氣，尤其能完整萃取難得的「甘味」，這也是推薦KONO濾杯的理由。相對的，由於能完整萃取咖啡豆的所有味道，所以萃取時，必須盡可能使用高品質的咖啡豆。均勻而緩慢地萃取現烘的新鮮豆子，就是煮一杯美味的手沖咖啡的祕訣。

準備的東西（1杯量、2杯量）

- 咖啡豆（12公克、24公克）
- 90℃前後的熱水（160毫升、320毫升）

瓜地馬拉
Las Rosas De Oakland

這是具有近似葡萄或紅酒口感，味道華麗的咖啡（800日圓／100公克），也有女性喜好的溫和酸味。能輕易煮出咖啡甘味的中南美咖啡豆很適合使用KONO濾杯沖煮。

1 使用日本製鋒利刀刃製作的Porlex手搖磨豆機。
2 細長壺嘴的造型，讓每個人都能輕易注入細長水柱的「kaico Sucré原創手沖壺S」0.95公升的類型（8500日圓）。
3 能正確測量溫度的數位溫度計。
4 能少量秤量（6公克）的Sucré原創木質湯匙（450日圓）。
5 圓錐型的KONO名門濾杯。
6 隨附木質握把的KONO濾壺。
7 可測量時間與重量的HARIO V60多功能電子秤。
8 這是含有馬尼拉麻的濾紙，能讓熱水流暢地通過（Abaca圓錐咖啡濾紙）。

煮出美味的手沖咖啡的祕訣與步驟

準備

先用水淋溼濾紙，讓濾紙貼附在濾杯上，讓濾杯的肋拱發揮應有的功能（釋放咖啡豆的氣體）。

第一次注入熱水

啟動電子秤，再於咖啡粉中心點以1.6mm左右的義大利麵粗細的水柱，注入20毫升的水量。在萃取咖啡的成分，第一次注入熱水是非常重要的步驟，所以千萬要謹慎行之。

悶蒸

等待20秒，咖啡豆就會像圖中一樣釋放氣體而膨脹。

第二次注入熱水 -1

以同樣細長的水柱在咖啡粉的中心點注入熱水。

第二次注入熱水 -2

再次釋放氣體。為了讓氣體保持圓形，可邊繞圓形邊注入熱水（圓周大概是50元硬幣的大小）。第二次注入的熱水量約為120毫升。

結束

當咖啡完整滴落濾壺之後，中央處會凹陷成濾杯的形狀，浮沫（咖啡色的泡泡）浮在表面是最理面的狀態。如果沒有浮沫，代表浮沫也滴入濾壺，也會有損咖啡的風味。

攪拌

萃取的時間1至2杯約2～3分鐘。以湯匙均勻攪拌咖啡，使濃度達到平均的效果。

※就算一樣使用KONO的濾杯，只要不是使用「kaico Sucré原創手沖壺」，就不能只注入2次而已（一般手沖壺注入3次）。因為kaico Sucré的壺嘴很細，所以可以在維持一定程度的液面下持續注入。

手沖咖啡的評比

能選擇一種喜歡的精品咖啡以及從三種萃取道具之中，挑選兩種進行萃取的方式，是「Café Sucré」的人氣菜單。以HARIO與Cores分別萃取玻利維亞的精品咖啡，再品嚐這兩種方式的差異。

從三種萃取道具（濾紙、金屬濾網、法式濾壓壺）選擇兩種。照片右則是單一大孔、圓錐型的HARIO V60濾杯，左側是Cores 黃金濾網。

以HARIO V60萃取的咖啡擁有清澈、清爽的味道，山崎咖啡師也提到「只要以KONO的方式均勻緩慢地萃取，就能萃取出咖啡豆的香氣與酸味」。另一方面，Cores 黃金濾網則可直接連同咖啡豆的油分與微粉一併萃取，所以口感來得比HARIO渾厚。山崎咖啡師提到「Cores可在高溫底下，短時間內萃取出紮實的味道，但是注入熱水時，絕對不能太過倉促。請記得以細長壺嘴的手沖壺，保持一定的速度注入熱水」。

玻利維亞
Rolando Cucho

除了花草般的香氣以及紅蘋果、橘子類的新鮮酸味之外，還有綿密的甜味，是一款味道均衡的咖啡（1200日圓／100公克）。

萃取

使用HARIO的濾杯萃取時，記得均勻而緩慢地萃取。以Cores濾杯萃取時，熱水滴落的速度較快，所以要記得別把熱水倒到沒有接觸咖啡粉的部分。

完成

以HARIO沖煮的咖啡看起來較為清澈（右），反觀以Cores濾杯沖煮的咖啡，則在表面浮有咖啡豆的油脂，看起來比較濃稠，杯子底部也留有細粉（左）。在「Café Sucré」的定價為1000日圓。

「沒想到只是換個道具，居然能讓同一支豆子產生不一樣的味道，簡直就像是另一種飲料！」（咖啡女子）

在 Café Sucré 快樂地購物

每次造訪「Café Sucré」就一定會想買的
超人氣商品與咖啡甜點！

東あられ本舗 × Café Sucré COFFEE ARARE

與ARARE老店『東あられ本舗』合作的咖啡霰餅（400日圓／75公克）。帶有淡淡甜味的咖啡粉與霰餅混合。也很適合當成茶點吃。

通過すみだモダン※認證的「微笑系列豆先生」

Premium Sucré 配方豆（豆子100公克）以及Sucré原創木質湯匙的禮物組合，造型看起來很可愛（1200日圓）。

Sucré 綜合咖啡

苦味與酸味恰到好處的人氣配方豆（600日圓／100公克）。熱咖啡與冷咖啡都適合。也有方便注入熱水的掛耳包。

咖啡巧克力

摻有咖啡粉的巧克力（3包200日圓）。巧克力的甜美與咖啡的淡淡苦味形成絕妙的均衡口感。

Galette Bretonne

充滿酥鬆的口感與奶油香甜的酥餅（8個400日圓）。麵糊拌有義式濃縮咖啡。

點狀濾杯

為了控制咖啡豆的二氧化碳流向而設計的濾杯，是由「UnCafé Sucré head roaster」楡井小姐監製（2000日圓）。預定於2017年6月銷售。

咖啡費南雪

在麵粉、砂糖、奶油、杏仁粉拌入咖啡粉製成的咖啡費南雪（2個150日圓）。

※東京SKYTREE所在地的墨田區自江戶時代即為各種「工藝品」發祥地。2010年起，該地區為求產業發展與推廣，以「有創新。有懷舊」為理念，對具墨田區特色之附加價值高的商品與飲食店菜單進行「すみだモダン」的品牌認證。

由女性烘豆師經營的地區型咖啡廳
提供由咖啡師細心沖煮的精品咖啡

Café Sucré

Café Sucré是由烘豆師楡井有子小姐（P.18）於2004年設立的店面，目標是希望打造成「女性也能輕鬆入內的咖啡廳」，所以員工都以女性為主，店裡的氣氛也非常明亮隨性。這間併設餐飲區的自家烘焙精品咖啡專賣店，也提供由咖啡師親手沖煮，生產來源清楚的優質咖啡。於店內烘焙的貝果三明治以及使用咖啡豆製作的原創甜點都非常受歡迎。

□ 地址／東京都墨田区東向島2-31-20
□ TEL／03（3613）7551
□ 營業時間／10點～19點
□ 例休／星期二
□ 座位數／18席（禁菸）
□ URL／http://cafe-sucre.com

1

2

3

4

5

6

7

1 從東武晴空塔線曳舟站徒步5分鐘即可抵達。位於充滿老街風情的商店街裡。
2 陳列咖啡豆、器具以及100種以上的商品銷售區後方就是餐飲區。
3 銷售的咖啡約有30種（配方豆約有6種，單品咖啡約有25種），價格為600日圓／100公克～。
4 能輕鬆煮出一杯咖啡的「Sucré綜合掛耳包」（5包裝800日圓）以及適合單杯沖煮的「單杯手沖壺」（3500日圓），兩者都是很受歡迎的商品。
5 可試飲各種咖啡的自助試飲區。
6 得到東京都墨田區地區品牌（すみだモダン）認證的四家咖啡廳烘豆師組成「墨田自家烘焙咖啡店聯絡會」。照片裡的是這四家咖啡廳的綜合掛耳包（4包裝900日圓／含稅）。
7 將低咖啡因咖啡粉揉入麵糊製成的「起司蛋糕」600日圓。孕婦與小孩都能安心食用。（本日精選咖啡）550日圓。

Okaffe kyoto的手沖咖啡

以咖啡講座講師的身分，
負責手沖咖啡到義式濃縮咖啡講座，
向高達幾萬人次的參加者講解咖啡的
「Okaffe kyoto」的岡田章宏咖啡師。
「Okaffe kyoto」的招牌就是手沖咖啡，
甚至還以手沖咖啡時的姿態作為店面的標誌。

※價格全部含稅　攝影　香西JUN　後藤弘行

一杯一杯，懷抱著熱情
細心萃取

1

Okaffe 的標誌

3

2

1　濾杯、濾壺、手沖壺都是KALITA。濾杯與手沖壺都是金屬材質（銅）。

2　在櫃台手沖咖啡的岡田咖啡師。特別將室內的照明設計成能聚焦在萃取咖啡的人。

3　以自己的名字（岡田）與咖啡組合成店名的『Okaffe』。

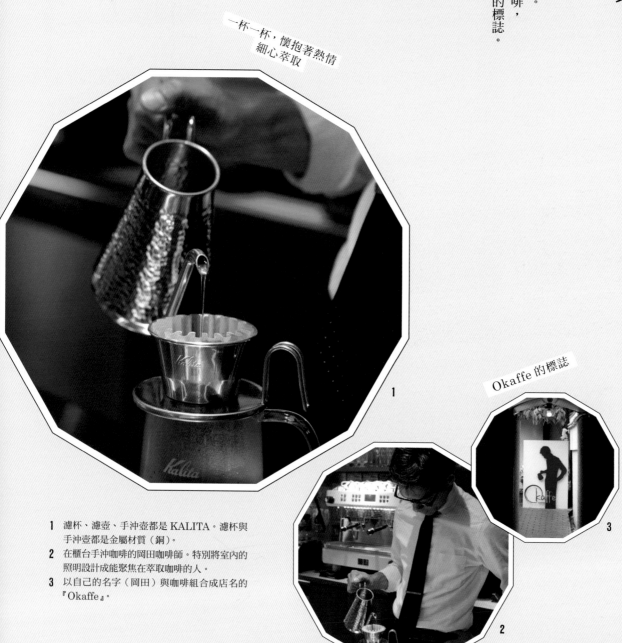

4

最受歡迎的 Dandy Blend

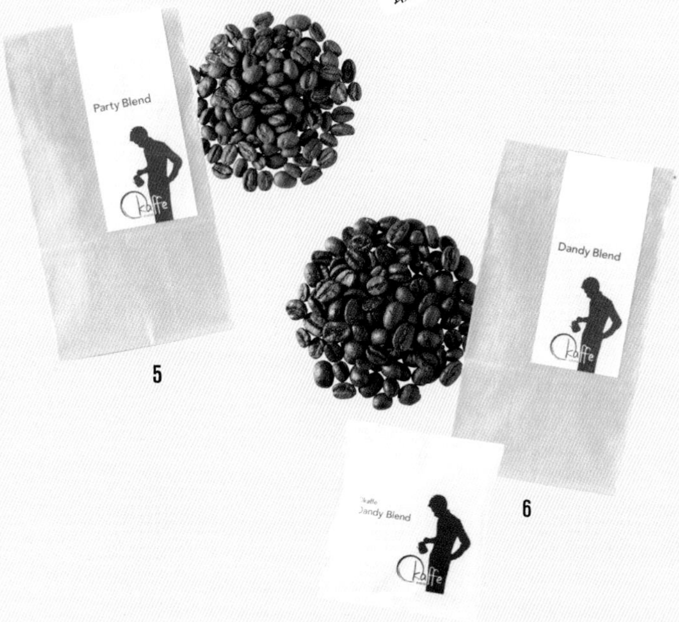

5

6

4 Dandy Blend 500日圓。常客通常一進來就會說：「給我Dandy」。其他還有Party Blend 550日圓、巴拿馬藝妓　翡翠莊園 1200日圓。店內除了銷售3.5oz（2000日圓）、6oz（2500日圓）的咖啡杯，也銷售馬克杯（1900日圓）。

5 Party Blend
這是以單手拿著香檳，開心聊天的女性會愛喝的感覺所設計的配方豆。作為基底的是衣索比亞與瓜地馬拉的咖啡豆。可品嚐到異國風情的香氣與優雅的酸味。680日圓／100公克。

6 Dandy Blend
這是以昭和男子漢氣概為設計概念的配方豆。基底是巴西與印尼的咖啡豆，也摻了羅布斯塔種的咖啡豆。洋溢著煙燻般的香氣與苦味，最後還散發著令人心神舒適的哀愁。580日圓／100公克。掛耳包1包180日圓。

看了無不被魅惑的手沖咖啡

岡田咖啡師所愛用的濾杯是KALITA與「Made in TSUBAME」（新潟縣燕市）共同開發的金屬材質「波浪濾杯」。見到如此洗練設計的濾杯時，真的是一見鍾情，深深地覺得這一定與符合京都的氛圍。也非常中意能穩定萃取咖啡這點。

「手沖咖啡的重點在於第一次注入熱水時，要特別小心別沖散咖啡粉，所以水柱要盡可能越細越好，也才能讓所有咖啡粉均勻吸收熱水，又能只注入最低的水量。在第二次注入熱水之前的悶蒸是為了充分萃取咖啡成分的預備步驟。進入第二次注入熱水的階段後，必須從接近咖啡粉表面的高度，從中央注入細長的水柱，然後在中心點畫圓。手沖咖啡之際，前半段的第一、二次熱水會左右咖啡的味道，而後半段屬於調整味道的步驟。前半段的作業需要細心，後半段的沖煮需要稍微提升速度，這種一張一弛的沖煮速度是非常重要的。」（岡田咖啡師）

以自身手沖姿勢為雛型的Okaffe標誌裡，蘊藏著「每一杯咖啡都是以細心與愛心沖煮而成」的心情。

在櫃台，以Okaffe標誌的姿勢沖煮咖啡的岡田咖啡師提到「對我來說，櫃台就是『舞台』，如果顧客看到我沖煮咖啡的姿勢覺得感興趣，我也會覺得很榮幸」。

Okaffe kyoto的手沖咖啡

Okaffe用於手沖的咖啡豆共有三種，第一種是以苦味、醇味為特徵的「Dandy Blend」，第二種是以華麗的香氣與酸味為特徵的「Party Blend」，最後一種是適合想喝點不一樣的人選擇的單品咖啡「巴拿馬藝妓　翡翠莊園」。其中最受歡迎的Dandy Blend是銀髮族懷念，年青族覺得新穎的「京都昭和咖啡風味」。這兩種配方豆是岡田咖啡長期服務的京都老店「小川珈琲」特別為Okaffe烘焙的專屬配方豆。岡田咖啡師提到「使用新鮮的咖啡豆是要煮出美味咖啡所不可或缺的關鍵」，所以指定了咖啡豆的種類，藉此隨時提供新鮮美味的咖啡。

我的款待之道就是娛樂
從京都向全世界發表我的「咖啡道」！

想成為咖啡廳老闆而進入這個世界是在30歲的時候。在「小川珈琲」工作一陣子後，在雜誌的專題得知咖啡師與咖啡競賽的事情。當我去曼谷後，看到了咖啡師漂亮的手法，我為此深深地感動，而咖啡師的身影，彷彿也和我所憧憬的對象重疊在一起。所謂憧憬的對象就是在電影「雞尾酒」裡，由湯姆克魯斯飾演的花式調酒師，看到他帥氣的身影，讓我對吧台工作起了強烈的興趣。曼谷的咖啡師與花式調酒師都是服務員，而我從他們身上感受到「娛樂」的精神。我希望能像他們「透過吧台工作讓顧客綻放幸福的笑容」。有了這些想法之後，我在義大利以及日本的酒吧累積經驗，成為一名咖啡師後，在JBC（日本咖啡師大賽）這類競賽表演。

京都向來有茶道文化，我希望利用咖啡與我的服務，重新詮釋茶道的「一期一會」與「款待之心」。我將這樣的詮釋命名為類似茶道的「咖啡道」，而「Okaffe」的一大課題就是從京都開始，讓全世界了解所謂的咖啡道。以我的手沖姿勢標誌的商標，代表這家店非常重視「我」，也就是岡田的服務與表演。

從事這項工作已15年以上，但不管在工作的時候，還是在家裡，都一直在喝咖啡。我覺得咖啡是「沒有答案的東西」，當下的身體狀況、心情，或是與誰一起喝，每個瞬間的味道都是不同的。此外，若是一直追求「這樣的咖啡才好喝」的正確答案，就會離美味或樂趣越來越遠。希望大家能放鬆肩膀與心情，好好地享受咖啡。身邊隨時就有，卻又不會覺得有負擔，而且只要一喝下去就會覺得美味與新鮮。這種距離感我覺得很棒。所以一回過神來，我已經在喝咖啡了！

有所堅持的吧台

岡田章宏

1971年於京都出生、長大。2002年進入「小川珈琲」服務，2004年開始咖啡師的學習。2005年挑戰JBC、WBC、WLAC的競賽，得到「JBC2008-2009」冠軍、「WLAC2008」第三名、「JCIGSC2015」第三名以及其他殊榮。在「小川珈琲」以首席咖啡師的身分盡力指導後進，也擔任講座講師。2016年11月辭職後，獨立開業至今。

我很喜歡京都，在京都出生與長大的我所能提出的方案就是在這個地方紮根的咖啡館文化與手沖咖啡、義式濃縮咖啡這類新式咖啡融合的京都咖啡文化。我希望將『Okaffe』打造成一邊兼顧「娛樂」與「玩心」，一邊取悅顧客，讓更多人可以在這裡綻放笑容的店。

昭和喫茶與新式咖啡融合的
新京都系咖啡文化

Okaffe kyoto

岡田咖啡師從在此營業達40年之久的「純喫茶JUN」接下店面之後，以「吧台」與「昭和的純喫茶」為關鍵字，重新打造了店面。提供的咖啡包含手沖咖啡、義式濃縮咖啡與冷萃咖啡，在此也能吃得到美味的漢堡與日式鬆餅這類與京都名店合作設計的菜色。如果要內用的話，絕對推薦吧台座位。

□ 地址／京都府京都市下京区綾小路通東洞院東入神明町235-2
□ TEL／075（708）8162
□ 營業時間／9點～21點（L.O.20點）
□ 例休／星期二
□ 座位數／23席（禁菸）
□ URL／http://okaffe.kyoto

1

2

3

4

5

6

1 2016年開幕，入口的大門是原本於昭和時期建造的物件。負責設計Okaffe標誌的是設計事務所「studio ESSENCE」的紀伊馬亞光先生。

2 座位分成桌子、沙發、吧台這三種，店裡的音樂是由音樂標籤公司「fish for」設計的爵士，讓人在此度過輕鬆的時光。

3 不同季節有不同表情的坪庭。一年四季，都能欣賞京都風情。

4 這是SCAJ（日本精品咖啡協會）舉辦的競賽的各種記念動章。這些動章代表這十幾年來參加JBC、JCIGSC以及各種競賽的岡田咖啡師的足跡。

5 這是與京都名店一同設計的菜單「京都風美食漢堡」1200日圓

6 岡田咖啡師曾在咖啡雞尾酒競賽（JCIGSC）獲獎，所以Okaffe也提供咖啡雞尾酒。照片裡的是將手沖的巴拿馬翡翠莊園咖啡注入琴湯尼的「GEISHA琴湯尼」1800日圓。

REC COFFEE的
義式濃縮咖啡

義式濃縮咖啡之類的咖啡萃取專家＝咖啡師。
這次我們向足以代表日本咖啡師之一
「REC COFFEE」的岩瀨由和咖啡師請教，原味、加糖、加牛奶多采多姿
這些享受義式濃縮咖啡的各種方法。

※價格全部含稅　採訪、撰文　諫山力　攝影　戶高慶一郎

指導者

REC COFFEE
岩瀨由和咖啡師

萃取義式濃縮咖啡

1

2

3

4

5

1 將咖啡豆倒入稱為粉杯的專用容器。
2 將豆子磨成極細研磨的粉狀。
3 壓緊咖啡粉（tapping）
4 圖中是壓緊後的狀態。若是壓緊的力道或方向不均勻，熱水就無法均勻從咖啡粉中間穿過，也就無法萃取出美味的義式濃縮咖啡。
5 將沖煮把手扣上半自動咖啡機，開始萃取。「REC COFFEE」是以10公克萃取1杯30毫升的義式濃縮咖啡。

6

7

6 最上層的泡泡（Crema）是讓香氣無法逸散的蓋子，苦味與澀味也很強烈。飲用前，可利用湯匙攪拌三次。

7 假設使用的是具有果香的咖啡豆，可加點砂糖或蜂蜜，利用甜味突顯原有的果香。

咖啡師以己身技巧展現出咖啡豆的個性

義式濃縮咖啡就是以壓力萃取的咖啡。由於是利用機器萃取，所以大部分的人都以為，誰來煮義式濃縮咖啡，味道都一樣，不過，這可是會因為咖啡師的技巧而導致味道改變的咖啡。在咖啡師大賽取得佳績，目前於全國各地擔任咖啡講座講師的岩瀨由和咖啡師提到「義式濃縮咖啡會讓豆子本身的個性更明顯，所以原料的品質至關重要」。早期義式濃縮咖啡普遍使用深烘焙的豆子，所以義式濃縮咖啡給人的印象就是苦，但隨著精品咖啡這類高品質、個性鮮明的豆子越來越多，義式濃縮咖啡的味道也驟然改變。岩瀨咖啡師果斷地提到：「若想直接品嚐咖啡原有的風味或個性，義式濃縮咖啡絕對是最好選擇」。

義式濃縮咖啡的各種品嚐方式

Step 1

評比義式濃縮咖啡

煮成義式濃縮咖啡時，豆子的酸味、甜味與香氣會更加明顯，所以豆子會讓義式濃縮咖啡的味道完全改變。雖然外觀看不出差異，但只要喝一口，一定會喝出差異。這次評比的是「瓜地馬拉 EI Socorro莊園」與「衣索比亞 Areka」的豆子。

瓜地馬拉 EI Socorro 莊園

這是在瓜地馬拉的COE（卓越杯）榮獲第1名殊榮的莊園。橘子這類柑橘類酸味與香氣讓人印象深刻。

衣索比亞 Areka

這是以直接乾燥咖啡櫻桃的日曬法處理的咖啡豆，具有藍莓與草莓般的香氣。

「REC COFFEE」的義式濃縮咖啡 330日圓～。

comment

瓜地馬拉的咖啡放涼後，甜味、香氣與果香更加明顯，加入砂糖後，味道也變得更均衡，喝得到如同巧克力般的味道。衣索比亞的豆子則具有莓果般的明亮印象，相較於瓜地馬拉的義式濃縮咖啡，咖啡液的顏色屬於較為明亮的亮棕色。

Step 2

評比義式濃縮咖啡調製的飲料

如同岩瀨咖啡師所說「義式濃縮咖啡可成為各種飲品的基底」，義式濃縮咖啡的確可調製成非常多種飲料。右側的兩種是在義式濃縮咖啡加入非常對味的牛奶與熱水的飲料，而這兩種飲料都使用相同的義式濃縮咖啡（衣索比亞 Areka）。

comment

牛奶與熱水能讓咖啡的味道擁有更多的變化。在義式濃縮咖啡的清爽口味與酸味倒入牛奶的甜味，咖啡的香氣就會改變，而用熱水稀釋時，可調製成酸味與甜味更明顯的黑咖啡。讓每個人根據個性選擇喝法這點，也是義式濃縮咖啡的趣味之一。

拿鐵咖啡

這是義式濃縮咖啡與熱牛奶融合的飲料。倒入打好的奶泡就成了卡布奇諾。拉花可使咖啡變得更有魅力。470日圓～

美式咖啡

製作方法非常簡單，只需要利用熱水稀釋義式濃縮咖啡。正因為製作方法如此簡單，所以完全無法偷工減料，是一款非常重視豆子品質與義式濃縮咖啡萃取技術的飲料。450日圓～

「REC COFFEE」隨時提供10種左右的手工甜點與烘焙甜點。圖中為其中一種的「草莓蛋糕瑞士捲」360日圓。「衣索比亞 Areka」義式濃縮咖啡430日圓。

Step 3

享受搭配甜點的趣味

搭配甜點享用時，最需要重視的就是香氣。義式濃縮咖啡的香氣與風味都很明顯，所以建議選用水果或堅果類的甜點搭配。

comment

與「草莓蛋糕瑞士捲」搭配的是與草莓一樣擁有莓果香氣的「衣索比亞 Areka」的義式濃縮咖啡。瑞士捲通常會使用濃厚的奶油製作，所以能緩和義式濃縮咖啡的苦味。

找到自己喜歡的品嚐方式與享受方式

岩瀨由和先生

在福岡開了四間分店的「REC COFFEE」的老闆。2014年、2015年，在日本咖啡師大賽（JBC）二連霸之外，也在世界大會（WBC2016）得到亞軍。抱著對咖啡生產者的敬意，持續宣揚精品咖啡的魅力。

REC COFFEE

2008年從路邊攤開始。岩瀨咖啡師與共同經營者北添修咖啡師一起在JBC取得好成績，也讓九州成為引領日本全國咖啡的地方。店內使用的咖啡豆為「Honey珈琲」（福岡市）的精品咖啡。也可選擇義式濃縮咖啡或手沖咖啡這類萃取方法。

REC COFFEE 藥院站前店
- □ 地址／福岡県福岡市中央区白金1-1-26
- □ TEL／092（524）2280
- □ 營業時間／星期一～星期四8點～隔天1點
星期五、國定假日前一天8點～隔天2點
星期六10點～隔天2點、星期天、國定假日10點～隔天1點
- □ 例休：不固定
- □ 座位數／45席（禁菸）
- □ URL／http://www.rec-coffee.com

上／咖啡豆的價格為850日圓～100公克～。配方豆與單品豆共有7種。
下／「REC COFFEE」的1號店藥院站前店。位於距離西鐵藥院站、地下鐵藥院站徒步1分鐘的好地點。

義式濃縮咖啡與手沖咖啡的最大差異在於甜味、酸味、苦味、香氣這些豆子的個性全部濃縮在少量的液體這點。身為咖啡師的我，在萃取義式濃縮咖啡的時候，最重視這些味道成分的均衡。如果苦味、酸味或是其中一種味道過於強烈，就稱不上是美味的義式濃縮咖啡。味道的均勻與否也會受到咖啡豆的品質與個性的影響，所以必須透過杯測選出適合製作義式濃縮咖啡的豆子。

義式濃縮咖啡的濃度較高，第一次喝可能會嚇一跳，不過這種喝法比做成拿鐵或卡布奇諾更能體會豆子的個性，所以非常建議大家試試看。微熱的第一口可以喝到香味，溫度稍微下降後喝第二口，可喝到更明顯的甜味、酸味與質感。不過，這不代表不愛喝義式濃縮咖啡就沒辦法了解咖啡。請大家務必自行找出自己覺得好喝的品嚐方式囉！

Unir的法式濾壓壺&義式濃縮咖啡

介紹在家裡也能輕鬆沖煮法式濾壓咖啡的方法，以及使用義式濃縮咖啡與法式濾壓咖啡製作的「Unir」精選菜單。

※價格全部含稅　採訪、撰文　土橋健司　攝影　合田慎二　田中慶

1

為了萃取咖啡的油脂而注入熱水

2

3

利用法式濾壓壺萃取

準備的材料（1杯量、2杯量）
- 咖啡豆（10公克、20公克）
- 90℃以上的熱水（180毫升、360毫升）

1 將咖啡豆磨成比手沖咖啡時略粗的粉。
2 將步驟1的咖啡粉倒入法式濾壓壺，再注入所有熱水，讓所有咖啡粉接觸熱水。在開始萃取前靜置4分鐘。
3 4分鐘過去後，將濾網慢慢往下壓，再將萃取的咖啡液倒入杯子裡。不過要注意的是，不要將距離底部1公分左右的咖啡倒入杯子（因為會有沉澱的咖啡粉與雜味）。

法式濾壓壺能輕鬆煮出美味的咖啡

山本咖啡師提到「就沖煮的樂趣以及享受悠哉時光這些特點來看，法蘭絨濾煮或手沖咖啡真的很棒，不過，應該有不少人覺得，要在家每天煮出相同味道很難吧？就這點而言，只要掌握熱水量、咖啡粉量以及溫度，誰都能利用法式濾壓壺煮出美味的咖啡喲！」。

相較以往，現今咖啡豆品質越來越提升，尤其就精品咖啡而言，從豆子萃取的油脂正是美味的關鍵。能夠完整萃取這些油脂的正是法式濾壓，這種方式甚至被評為「最接近杯測時的味道」。此外，與手沖咖啡不同的是，法式濾壓可輕鬆地調整要煮1杯還是2杯，以高溫萃取這點，也讓咖啡更不容易變涼。

在忙碌的早上，也能輕鬆喝杯美味的咖啡。為了出門的準備而忙得團團轉的女性更應該嘗試了解法式濾壓。

「Unir」提供的法式濾壓咖啡500日圓～（Regular）、600日圓～（Large）。

可完整萃取咖啡的油脂

指導者

Unir
山本知子咖啡師

※P.102～105有進一步介紹「Unir」的內容。

不熟悉咖啡的人 也能嚐出差異

「希望每個人都能在短時間內，輕鬆接觸咖啡魅力」，根據這個主旨，只有站位的「Unir」阪急梅田本店提供了試飲組合。為了讓顧客品嚐各種萃取方式的味道，義式濃縮咖啡與法式濾壓咖啡使用的是同一款豆子。照片裡的是嚐得到柑橘風味的精品咖啡「哥倫比亞　San Marcos」的試飲組合。800日圓

1　法式濾壓咖啡
最接近在家裡喝到的味道，也能直接感受精品咖啡特有的甜味與酸味。

2　義式濃縮咖啡
可以喝得到平常難得喝的義式濃縮咖啡。許多人也驚訝地表示：「如果是精品咖啡的義式濃縮咖啡就能入口」。

3　卡布奇諾
如果是精品咖啡的話，倒入牛奶也能喝得到紮實的甜味與醇味。為了讓顧客喝到這種味道，店家會建議把卡布奇諾放在最後喝。

4

4　哥倫比亞　San Marcos
除了橘子、萊姆這類水果的酸味與風味非常明顯，也能喝得到華麗的花香味。口感非常滑順，尾韻也帶有紅糖的甜味。770日圓／100公克

通寧咖啡

「義式濃縮咖啡 × 通寧水」 新感覺的碳酸飲料

在國外以及日本逐漸成為固定菜色的通寧咖啡。以義式濃縮咖啡為基底的咖啡有很多，而為了讓大家了解這點，特別在限定的期間之內推出這款咖啡，也因為受到歡迎而將這款咖啡當成固定菜色銷售。配方沒什麼特別之處，只是將通寧水倒入雙份義式濃縮咖啡而已。碳酸的清爽口感讓精品咖啡的果香更加明顯。650日圓

MANLY COFFEE的愛樂壓咖啡

即使使用的是同一款咖啡豆，研磨度、熱水的溫度與水量，都能讓最後的味道為之驟變。這次我們請教了這種愛樂壓咖啡的品嚐方式。

採訪、撰文 諫山力 攝影 戸高慶一郎

指導者

MANLY COFFEE
須永紀子小姐

利用氣壓萃取一杯味道清新華麗的咖啡

現在連比賽萃取技術的世界大會，都會舉辦愛樂壓競賽。這種萃取方式的特徵在於萃取時間較短，口感也非常滑順。與代表濾壓式咖啡的法式濾壓的不同之處，在於這種方式使用了能去除雜味的濾紙，而且能利用氣壓萃取味道清澈紮實的咖啡。而且又輕又堅固的塑膠材質以及事後方便清洗的特色，讓愛樂壓這種道具在戶外活動受到歡迎。原本是做成注入熱水立刻萃取的構造，但現在也有將容器反過來悶蒸的「反轉萃取」。須永小姐提到「以愛樂壓萃取的咖啡擁有更明顯的甜味。淺～深烘焙的烘焙度不會影響味道之外，綿滑的口感也是一大魅力」。

這次使用的是中淺烘焙的衣索比亞耶加雪菲（日曬）咖啡豆。清澈的口感裡，帶有荔枝、藍莓、桃子般的香味。

基本萃取

準備的材料（1杯量）

- 咖啡豆（14公克）
- 84℃的熱水（200毫升）

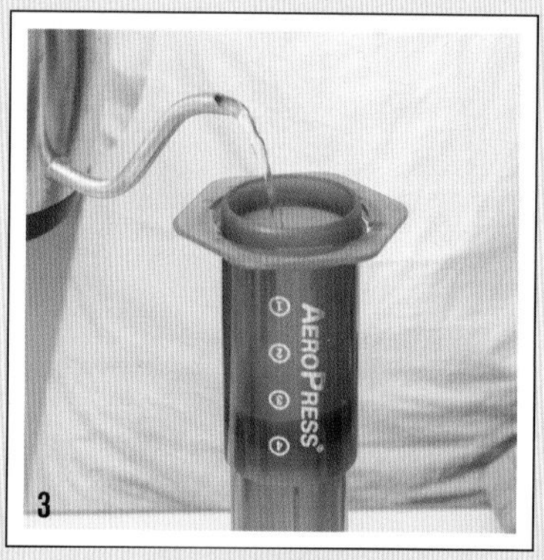

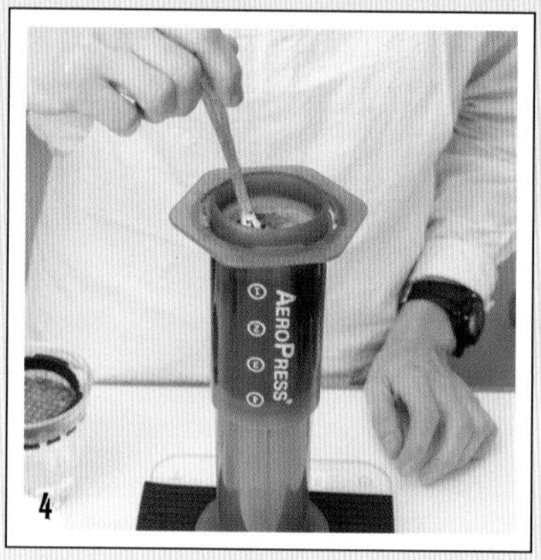

1 為了沖煮出柔順的味道，要將豆子磨成略粗的顆粒。
2 以熱水淋溼濾紙，去除紙張本身的味道。
3 將咖啡粉倒入濾筒後，注入熱水，靜置1分鐘悶蒸。（使用反轉萃取可避免悶蒸時，熱水滴落，而且也能完整地悶蒸）
4 輕輕地攪拌。
5 裝上壓桿，轉回正常的方向，再緩緩地由上往下壓。聽到「咻～」這個空氣擠出來的聲音，就代表萃取完成了。

萃取用於拿鐵的咖啡

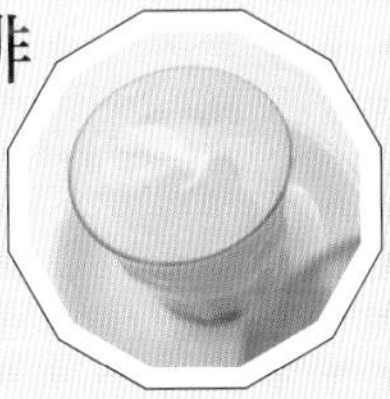

雖然使用的是同一款咖啡豆，但這次磨成較細的粉，也使用接近沸騰的96℃熱水萃取，所以味道比較濃郁，即便倒入牛奶，也能嚐到紮實的咖啡風味。

準備材料（1杯量）

・咖啡豆（14公克）
・96℃的熱水（55毫升）
・牛奶（140毫升）

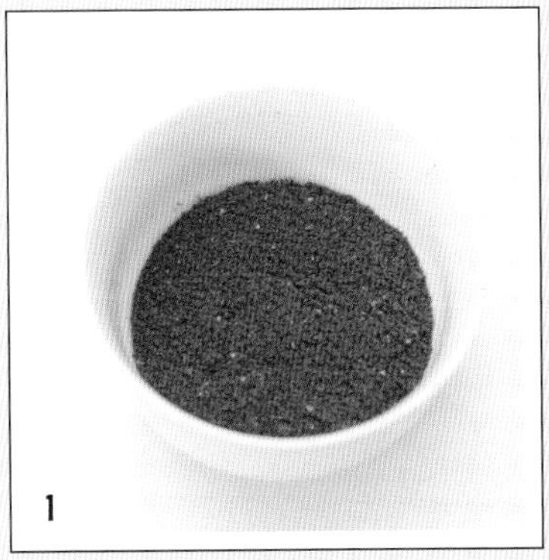

1

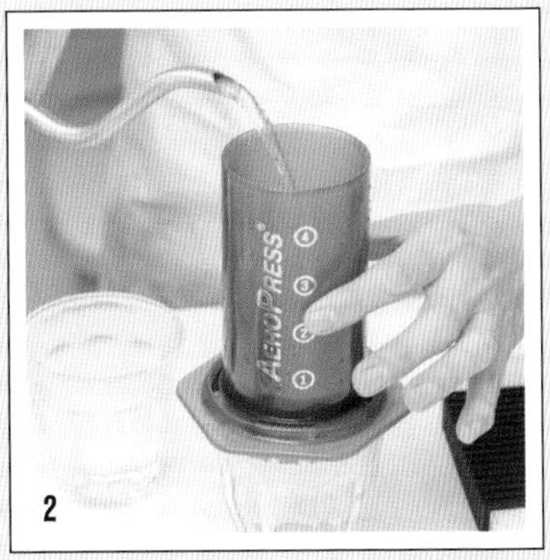

2

3

4

5

1 將咖啡豆磨成萃取義式濃縮咖啡所需的研磨度。
2 將咖啡粉倒入濾筒，再立刻倒入熱水。
3 攪拌10次，讓咖啡粉與熱水完全混合。
4 跳過悶蒸的步驟，直接裝上壓桿，再緩緩由上往下壓，完成萃取。
5 將加熱的牛奶倒入咖啡就完成了。

MANLY COFFEE

從2012年開始舉辦「日本愛樂壓大賽」的須永紀子小姐經營的自家烘焙咖啡店。隨時提供三種自家烘焙的咖啡豆，全部都是淺～中淺烘焙的精品咖啡豆。店裡除了提供愛樂壓咖啡與手沖咖啡，也很推薦在墨爾本很受歡迎的「PRANA CHAI」，當然也是利用愛樂壓萃取的喔。

□ 地址／福岡県福岡市中央区平尾2-14-21
□ TEL／092(522)6638
□ 營業時間／12點～17點（星期六8點～）
□ 例休／星期日、國定假日
□ 位數／3席（禁菸）
□ URL／http://manly-coffee.com

1

2

3

1 2016年喬遷後重新開幕。須永小姐於2011年參加了世界愛樂壓大賽。
2 圖中是由舊民宅改建的店面，充滿了溫暖的氛圍。
3 所有咖啡都可試喝，咖啡豆的價格為750日圓／100公克～。

UNLIMITED COFFEE BAR的冷萃咖啡

冷萃咖啡的英文是Cold Brew，在紐約造成轟動之餘，在日本也以「Cold Brew」這個名字闖出名氣。

※價格全部含稅　採訪、撰文　田中惠子　攝影　田中慶

直接品嚐咖啡原有的風味

將咖啡粉徹底浸泡在水裡，再慢慢萃取的冷萃咖啡是以均衡的酸味、甜味、苦味以及平順的味道為特徵，就如不愛喝咖啡的人也覺得冷萃咖啡好喝，這種全新風味的咖啡已被大眾接受。「UNLIMITED COFFEE BAR」（P.72）準備了三種冷萃咖啡，也提供了試飲組合，顧客可透過試飲選擇個性鮮明的精品咖啡，也能選擇以完整萃取各種精品咖啡香氣的萃取方法。話說回來，冷萃咖啡也不過是把「裝了咖啡粉的咖啡包放在盛滿水的大水槽，然後靜置6～8小時而已」。沒有專門的道具也能在店裡、家裡輕鬆製作是其最大的魅力。萃取的重點在於，二氧化碳會妨礙萃取，所以使用烘焙後，經過1～2週的咖啡會比較好。大家不妨參考店家的推薦，再從中找出自己喜歡的味道吧！

1
3種原創冷萃咖啡的試飲組合

2

1　能少量試飲3種冷萃咖啡的組合（972日圓、各種單品咖啡從648～702日圓不等）。為了喝出味道的差異，特別以紅酒杯提供。說明表詳細記載了咖啡豆的資訊與香氣。

2　只使用冷萃專用水萃取香氣特別的衣索比亞日曬咖啡豆。這是與水專賣店MotherWater合作的商品（170日圓／500毫升）。

「UNLIMITED COFFEE BAR」的冷萃咖啡豆（※）

GEDEBU

衣索比亞產。以日曬法直接乾燥咖啡櫻桃而成的咖啡豆。華麗的果香味是其特徵。除了莓果、紅葡萄般的香氣，還蘊藏巧克力的風味。800日圓／100公克

西達摩

衣索比亞產。使用水洗精製的咖啡豆。由於是在去除果肉與黏液之後才乾燥，因此以清澈的味道為特徵。除了有萊姆般的清新，還有紅茶或蔗糖般的香氣。相較於其他兩種，酸味顯得略為明顯。800日圓／100公克

雷克雷尤莊園

在海拔1100～1280公尺採收的巴西咖啡豆。利用蜜處理法（去除果肉，保留黏質乾燥的方法）處理後，味道清澈，容易入口。黑巧克力與堅果的香氣之中，帶有些許的柑橘風味。800日圓／100公克

※隨時更換精選的三種咖啡

3

第3章
享受搭配的甜點

各地的咖啡工坊也常舉辦咖啡搭配甜點的活動。
這次選擇搭配的有烘焙甜點、西式甜點、巧克力與起司。
我們請到許多在咖啡甜點上用心的店家或團隊提出自己的方案。

烘焙甜點×咖啡

「KANNON COFFEE」提案

提出了綜合咖啡或拿鐵搭配烘焙甜點的經典組合與新穎的組合。

※價格全部含稅　採訪、撰文　中西沙織　攝影　太田昌宏（STUDIO A·Sh）

馬芬蛋糕各300日圓
柳橙摩卡拿鐵 HOT 560日圓

馬芬蛋糕×
柳橙摩卡拿鐵HOT

奶味十足的拿鐵搭配口感蓬鬆的馬芬蛋糕

奶味十足的拿鐵與烤得蓬鬆的馬芬蛋糕非常對味。除了在拿鐵加入柳橙糖漿以及苦巧克力的「柳橙摩卡拿鐵」，其他原創的花式拿鐵尤其受到女性歡迎。不同的季節可創造不同的組合，例如冬天的馬芬蛋糕可搭配堅果、巧克力這些素材製作，夏天則可搭配爽口的香草、水果以及紅豆這類日式素材或香料。

胡蘿蔔蛋糕×衣索比亞耶加雪菲 G1 水洗

融在果酸味的胡蘿蔔香氣&香料的風味非常輕盈

利用淺焙突顯果香與清爽香氣的單品咖啡最推薦搭配摻有蔓越莓與酸奶的胡蘿蔔蛋糕。將大量的胡蘿蔔泥拌入麵糊之後，重點是要加入小豆蔻、丁香、肉豆蔻及肉桂這些香料。

胡蘿蔔蛋糕 350 日圓
衣索比亞耶加雪菲 G1 水洗 420 日圓

隨季節變化的法式鹹派 350 日圓
手沖咖啡「2」400 日圓

隨季節變化的法式鹹派×手沖咖啡「2」

使用了起司的內餡風味濃醇和咖啡的苦味十分相配

法式鹹派會隨著季節，加入菠菜、甜椒、香菇、馬鈴薯、培根，內餡可說是五花八門。這些摻有起司粉，味道很濃厚的內餡很適合搭配深烘焙綜合咖啡的苦味。在三種綜合咖啡之中，這款以曼特寧為主軸的「2」能讓人回想起早期喫茶店的咖啡，也是既懷念又有層次的味道。

1

2

1 現點現磨豆子，然後在客人面前慢慢地沖煮。拿鐵也會拉花。

2 以哥倫比亞與肯亞為基底的「本月綜合咖啡」擁有均衡的苦味、香味與尾韻。

3

4

5

3 也有搭配本月綜合咖啡限量銷售的甜點。今後也將推出每月精選的烘焙甜點。

4 用來承載烘焙甜點的黑板被當成菜單使用。看起來很美味的外觀與聞起來很美妙的香氣，讓人每一個都想點來吃。

5 飲料、烘焙甜點、咖啡豆全部可以外帶（咖啡豆的價格為560日圓／100公克～）。討喜的包裝也很適合用來送禮。

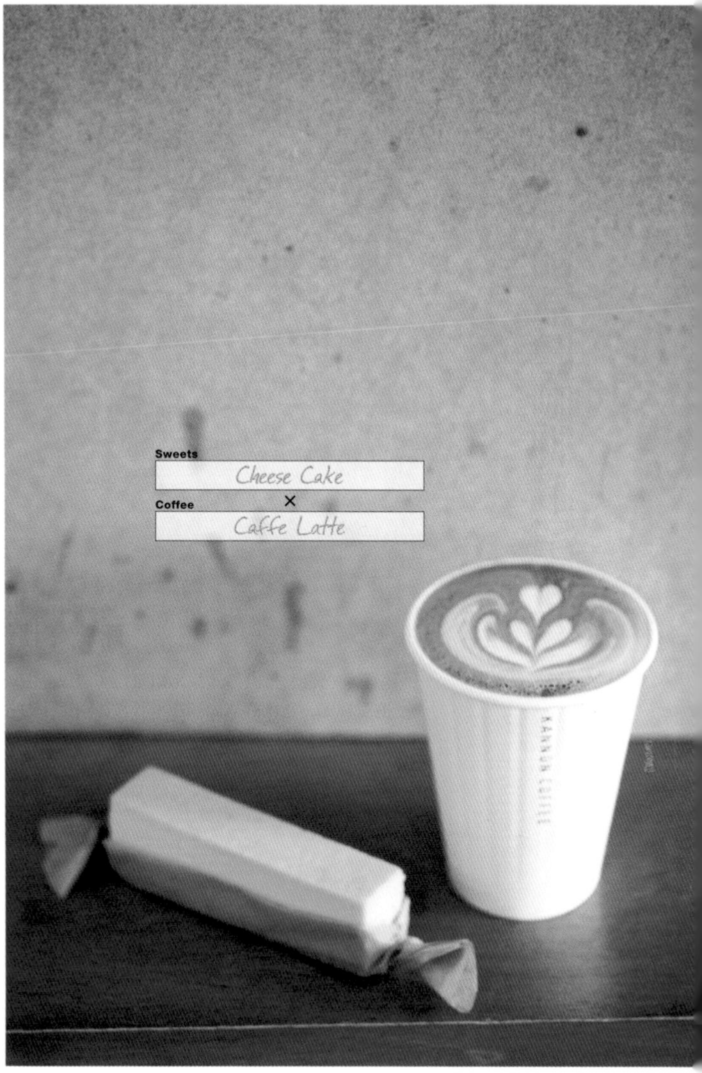

起司蛋糕 300 日圓　拿鐵咖啡 470 日圓

起司蛋糕×拿鐵咖啡

讓人想品嚐無數次的王道美味

烤起司蛋糕與在義式濃縮咖啡倒入熱牛奶的拿鐵咖啡可說是王道般的組合。奶油起司的酸味與醇味，搭配深烘焙義式濃縮咖啡的苦味與牛奶的圓潤口感，形成絕妙的組合。作為蛋糕底層的餅乾也營造了畫龍點睛般的酥鬆口感。

加入季節與日式的元素 享受不受限的創意

道川波奈小姐

以「誰都能輕鬆地走進店裡，享受美味的咖啡與甜點」為概念，2014年「KANNON COFFEE」開幕了。2015年，姐妹店的「KANNON BAKE」（名古屋市千種區）也跟著起步。

除了喝不膩的綜合咖啡與經典的烘焙甜點，這裡不斷地用心設計充滿季節性的菜色，希望每個人都可以在這裡享受新的味道與發現。這裡的花式咖啡非常受好評，例如每月精選的精品咖啡以及冬天利用自製糖漿製作的熱拿鐵，或是夏天加了新鮮檸檬汁的冰咖啡，而且烘焙甜點也使用了當令的水果與蔬菜，也會使用黃豆粉或抹茶這類充滿日式氣息的素材。如果不知道該點什麼，建議大家點本月精選以及搭配的限定烘焙甜點。

KANNON COFFEE

透過從「清爽」、「柔和的苦味」、「溫和的酸味」這三種綜合咖啡，到饒富趣味的花式拿鐵，利用各式各樣的菜色介紹咖啡的魅力。咖啡豆是從老牌烘豆所「共和咖啡店」（名古屋市中川區）採購，工作人員每個月都會與烘焙所討論，再決定咖啡豆的種類與配方。降低甜味以展現素材原味的烘焙甜點，是男女老幼都喜歡的味道。

□ 地址／愛知県名古屋市中区大須2-6-22
□ TEL／052（201）2588
□ 營業時間／11點～19點
□ 例休／全年無休
□ 座位數／店內4席（禁菸）、店門口4席（可吸菸）
□ URL／http://www.kannoncoffee.com

左／店名的KANNON就來自商店街知名的「大須觀音」。有許多咖啡愛好者遠從東京或大阪而來。
右／店內有小小咖啡區。逛街時可以進來歇歇腳。

咖啡師都是女性。這種容易親近的氣氛讓人莫名喜悅。

覆盆子蛋糕 460 日圓
法式濾壓咖啡 650 日圓～

甜點×咖啡

甜點店「Relation」

提出「甜點與咖啡都是主角」的方案是西式甜點與精品咖啡的組合。

※價格全部含稅 採訪、撰文 三上惠子

Sweets
Framboisier
×
Coffee
Brazil Santa Ines

覆盆子蛋糕×巴西 Santa Ines（中烘焙）

彼此烘托出彼此的莓果風味與華麗感

讓人聯想到覆盆子風味的「Santa Ines」搭配以開心果裘康地蛋糕片佐覆盆子奶油與甘納許夾層的「覆盆子蛋糕」，形成每口都是莓果風味的組合。這種搭配比直接喝咖啡更能嚐得到莓果的風味與華麗感，而蛋糕的溼潤口感也與咖啡的質感非常搭配。

覆盆子、蘋果及堅果的風味。具有黏稠的口感與甜美的尾韻。

黑醋栗馬卡龍 190日圓

葡萄、櫻桃、洋李及橘子的風味。很有果香的味道。

黑醋栗馬卡龍×肯亞 kamwangi（中烘焙）

咖啡讓黑醋栗的酸味瞬間擴散

「肯亞kamwangi」讓人聯想到葡萄與洋李這類紫色水果般的華麗果香。夾著黑醋栗甘納許的果香馬卡龍與同樣具有果香的咖啡互相呼應。在兩者於口中融合的瞬間，咖啡讓馬卡龍的黑醋栗酸味瞬間綻放，這真是令人驚豔的組合。

奶油蜜桃蛋糕 450日圓

青蘋果、蜜桃及洋李的風味。具有黏稠的口感與甜味。

奶油蜜桃蛋糕×蒲隆地Nyangwe（中烘焙）

蜜桃那令人無法忽視的風味與口感，能嚐得到美妙的整體感

以蜜桃的果香以及糖漿般的口感為特徵的「蒲隆地Nyangwe」咖啡搭配奶油蜜桃蛋糕的白桃口感，可讓蜜桃的風味更上一層樓。咖啡與甜點彼此的蜜桃風味以及圓潤口感讓人無法忽視，這真的是能嚐得到整體感的組合。

杏桃焦糖起司蛋糕 500日圓

柑橘、蘋果及焦糖的風味。具有輕盈滑順的口感與均衡的味道。

杏桃焦糖起司蛋糕×哥倫比亞 Alvaro Realpe（中烘焙）

如同檸檬茶的全新風味誕生

「Alvaro Realpe」的特徵在於柑橘類的風味與酸味。「杏桃焦糖起司蛋糕」則是在烤起司蛋糕與焦糖生起司蛋糕之間夾入杏桃糊製作而成，屬於酸酸甜甜的口味。上層以焦糖燻過的杏桃具有紅茶般的風味，搭配柑橘類的咖啡，就形成有如檸檬茶的全新風味。

法式千層酥×
哥倫比亞
San Jose de Inza（深烘焙）

集合各種微苦的風味，
讓一切變得均衡

這次是具有苦巧克力與杏仁風味的「San Jose」與口感酥鬆的法式千層派的組合。千層派的派皮都淋上了焦糖，微苦的風味與深烘焙咖啡的淡苦味非常對味。這種集合各種微苦風味的組合，具有非常均衡的風味。

苦巧克力、杏仁及黑櫻桃的風味。具有柔順的口感與綿長的尾韻。

法式千層派 480日圓

杏仁奶酥可頌×
玻利維亞 Agro Takesi Typica（深烘焙）

醇度紮實的組合
突顯堅果的風味

「Agro Takesi Typica」的特徵為類似杏仁的堅果風味。與在味道上一點都不會輸給香醇且略帶甘甜的深烘焙咖啡、具濃醇杏仁奶油的可頌做搭配。這種醇度紮實的組合，讓堅果與麵糊的甜味、杏仁奶油的風味更上一層樓。

杏仁、黑巧克力及熱帶水果的風味。具有紮實的醇度與深奧的味道。

杏仁奶酥可頌 280日圓

蜜糖橙片巧克力蛋糕×
蒲隆地Ngoro（深烘焙）

咖啡帶出柳橙風味，
也讓味道更形擴散

巧克力與柳橙皮風味相當令人印象深刻的深烘焙「Ngoro」咖啡，以及在濃巧克力蛋糕麵糊拌入蜜糖橙片的「柳橙巧克力蛋糕」，可說是極簡的王道組合。咖啡帶出了蛋糕裡的蜜糖橙片風味，也讓味道變得更有層次。

巧克力、柳橙皮及黑櫻桃的風味。具有厚實的口感與華麗的尾韻。

蜜糖橙片巧克力蛋糕 190日圓

透過嶄新的組合，享受與「新滋味」、「新咖啡」的邂逅

野木博子小姐

從甜點學校畢業後，於東京都內擔任甜點師。之後為了學習咖啡師的技術，進入「星巴克」以及「小川珈琲」服務。2013年，與老公將司先生一起在東京蘆花公園創立「Relation」。

對本店而言，咖啡與甜點都是主角，一起品嚐可增添風味，也能催生新的滋味。我們所提供的是美味程度更勝單獨品嚐的搭配組合。基本上是以口味濃郁的甜點搭配深烘焙的咖啡，口感纖細的甜點就搭配中烘焙或淺烘焙的咖啡，果香類的甜點與果香十足的咖啡更是對味。儘管這類的組合千變萬化，但是沒有一個是正確答案，這也是這種組合的趣味所在。所以嘗試思考提供各式各樣的組合。

本店提供的咖啡是從「丸山珈琲」採購的精品咖啡，精品咖啡大約有10種，也都能以法式濾壓或義式濃縮咖啡機器萃取，而菜單上也寫著與這些咖啡搭配的蛋糕。

若是咖啡與甜點的組合，能成為人們更樂意品嚐、或是更願意去嘗試各種咖啡的契機的話，真的會是一件令人開心的事。希望讓「喝綜合咖啡就夠了」的顧客透過甜點的搭配，了解選擇咖啡的樂趣。

Relation entre les gâteaux et le café

在巴黎的甜點店與「Pierre' Herme Salon de The'」學習的野木將司主廚與身為咖啡師的妻子博子小姐在2013年開了這間店。除了提供以傳統的法式甜點手法製作，使用當令的水果與兼顧美麗造型的甜點，也提供以「丸山珈琲」的咖啡豆沖煮的法式濾壓咖啡、拿鐵以及美式咖啡。

□ 地址／東京都世田谷区南烏山3-2-8
□ TEL／03(6382)9293
□ 營業時間／10點～20點
（飲料與飲料外帶的最後點餐時間為19點30分）
□ 例休／星期二
□ 座位數／5席（禁菸）
□ URL／http://www.relation-entre.com

上圖／明亮的店內一隅設有咖啡吧台座位。也準備了季節性的切痕麵包以及義式甜點阿芙佳朵這類限定內用的菜色。
下圖／距離京王線蘆花公園站徒步2～3分鐘的距離。

巧克力×咖啡

這次要介紹的是在自家烘焙咖啡「SANWA COFFEE WORKS」受到好評的Bean to Bar 巧克力與精品咖啡的搭配。

※價格全部含稅　攝影　香西JUN、松井HIROSHI

MODERN（可可68%）× 葉門 Bani Mattar

果香豐富的巧克力與咖啡

「SANWA COFFEE WORKS」所提供的Bean to Bar巧克力是「LA CHOCOLATERIE NANAIRO」（島根縣出雲市）以有機可可豆與日本國產有機蔗糖或黑糖製作的產品。這款「MODERN」是與NANAIRO共同開發的「SANWA COFFEE WORKS」原創Bean to Bar產品，主要的味道為珍珠葡萄、鳳梨以及各種果香味，與果香味豐富的精品咖啡「葉門 Bani Mattar（日曬）」或「肯亞 NYERI（水洗）」可說是非常對味。

MODERN飲料組合　350日圓（2片）
葉門Bani Mattar　970日圓（以「本日精選咖啡」提供時350日圓）

BATCH No.4（可可70%）×
多明尼加 Alfredo Diaz莊園

香蕉類的果香非常調和

這次的組合帶有芒果、香蕉這類柔和酸味的Bean to Bar巧克力「BATCH No.4」以及萊姆般的果香之中，帶有淡淡香蕉、草莓香氣的精品咖啡「多明尼加」。

BATCH No.4 飲料組合200日圓（2片）
多明尼加 Alfredo Diaz莊園850日圓（以「本日精選咖啡」提供時350日圓）

黑糖×堅果×
盧旺達 Buf coffee

法式薄餅與堅果是關鍵字

精品咖啡「盧旺達」具有法式薄片與檸檬香氣。Bean to Bar巧克力使用的堅果（核桃）遇到法式薄餅的酸味後，就成了讓風味擴散的素材。

黑糖與堅果的飲料組合300日圓（2片）
盧旺達 Buf Coffee 430日圓（以「本日精選咖啡」提供時350日圓）

白巧克力飲料組合 400日圓（2片）
衣索比亞 耶加雪菲 660日圓（以「本日精選咖啡」提供時350日圓）

白巧克力×
衣索比亞 耶加雪菲

高純度的巧克力與咖啡

這次的組合是使用純可可奶油製作，甜味純淨的Bean to Bar白巧克力與具有優質酸味與清澈醇味的「衣索比亞 耶加雪菲」。

透過咖啡＆巧克力，讓顧客的飲食與生活更豐富

西川隆士先生

1959年在大阪天滿創業的「三和珈琲」的第三代老闆。2011年設立「SANWA COFFEE WORKS」，在天滿第一任、第二任老闆經營自家烘焙咖啡館的遺跡經營咖啡小站「&COFFEE」。

Bean to Bar巧克力與精品咖啡一樣擁有各種香氣，口感非常柔順，香氣的擴散也非常迅速，能享受到隨著舌頭的溫度不斷變化的各種味道。與對味的咖啡一起入口時，就像是產生化學反應般地迸發出新的香味，也讓巧克力與咖啡變得更有魅力。

品嚐這種組合的第一步是先將巧克力放入口中，等到巧克力被舌頭稍微融化，再喝一點咖啡（大概與巧克力同量）。接著輕輕咀嚼，再從鼻子嗅取風味。最先聞到的會是香氣輪廓清晰的咖啡，所以本店才會提供搭配精品咖啡的方案，內用則提供Bean to Bar巧克力2片的飲料組合。除了銷售套餐禮物，每個月都會舉辦一次咖啡＆巧克力的工坊。了解咖啡與巧克力的組合後，應該就能更了解選擇咖啡的方法。今後希望以在地咖啡館的形式，透過咖啡與Bean to Bar巧克力的搭配，讓顧客的飲食文化與生活更加豐富。

SANWA COFFEE WORKS

銷售自家烘焙的豆子與咖啡禮品，也是專為外帶咖啡設計的店家。內用方面，提供手沖、義式濃縮咖啡、法式濾壓、花式咖啡及咖啡雞尾酒這些飲品。透過官方網站發表咖啡特輯電子報。每個月舉辦手沖咖啡與萃取道具的體驗工坊。

- □ 地址／大阪府大阪市北區池田町17-7
- □ TEL／06（6353）9603
- □ 營業時間／9點～23點、星期日、國定假日10點～22點
- □ 例休／不固定
- □ 座位數／8席（禁菸）
- □ URL／http://sanwa-coffee.com

上圖／「LA CHOCOLATERIE NANAIRO」的咖啡片。共有四種產品（1700日圓～2000日圓／50公克）。
下圖／綜合咖啡9種、精品咖啡14種、大眾咖啡13種，提供約36種咖啡。

巧克力×起司×咖啡

這次透過三種組合、巧克力×咖啡與起司×咖啡的組合，由在大阪設立活動據點的團隊「C.C.C.」提出方案。

※價格全部含稅　攝影 香西JUN

以「Cafe Saboroso」的商品「心神舒適的哥倫比亞」（1400日圓／250公克）沖煮的手沖咖啡。

「Pump Street Bakery」Rye Crumb 牛奶＆海鹽的巧克力（2268日圓）。

Chocolate
Rye Crumb, Milk & Sea Salt
Cheese
×
Gjetost
Coffee
×
Colombia

RYE CRUMB牛奶&海鹽的巧克力×傑托斯特起司×哥倫比亞咖啡

包含巧克力與起司的咖啡

「RYE CRUMB牛奶&海鹽的巧克力」是在以厄瓜多可可製作的60％牛奶黑巧克力裡，拌入裸麥麵包粉與海鹽製作的Bean to Bar巧克力。「傑托斯特起司」是在羊奶加入牛奶製作的起司。鹹焦糖風味的巧克力與焦糖風味的傑托斯特起司非常對味。巧克力透過裸麥麵包粉創造酥鬆的口感，傑托斯特起司則利用綿滑的焦糖營造和諧的口感。搭配能包含巧克力與起司且口感溫和的「哥倫比亞」咖啡是C.C.C.提出的組合。

C.C.C.的成員。C.C.C.是以巧克力、起司、咖啡的英文首字所組成的名字。從左至右依序為巧克力搭配師兼「Tomoe Saveur」代表的satutanikanako小姐、起司專家兼「Copain de Formage」代表的宮本喜臣先生與咖啡鑑定師、烘焙師兼「Cafe Saboroso」代表的濱崎寬和先生。

馬達加斯加（巧克力）× 衣索比亞

巧克力與咖啡融合的果香

Chocolate: Madagascar
×
Coffee: Ethiopia

Bean to Bar巧克力「馬達加斯加」的紅色水果的味道與同類型的咖啡搭配之後，澀味可能會更加明顯。精品咖啡「衣索比亞」（以清澈與甜味為特徵的水洗耶加雪菲）的白葡萄或青蘋果般的果香一點也不突兀，還能透過甜味、馥郁感、清爽感，讓舒服的酸味更加膨脹。

以「Cafe Saboroso」的商品「果香摩卡」（1450日圓／250公克）沖煮的手沖咖啡。

「AKESSON'S」Madagascar Trintario可可75％＆黑胡椒（1350日圓）

尼加拉瓜6：衣索比亞4的綜合咖啡。

「ERITHAJ」苦巧克力 Ba Lai 74%（1782日圓）。

Chocolate: Vietnam
×
Coffee: Nicaragua & Ethiopia

越南（巧克力）× 尼加拉瓜＆衣索比亞

能包容味道強烈的巧克力的綜合咖啡

Bean to Bar巧克力「越南」的特徵在於明顯的酸味與肉桂風味，而能包容這款巧克力的是擁有紮實酸味與醇度的精品咖啡「尼加拉瓜」。將這款尼加拉瓜烘焙成稍微深的程度，再與「衣索比亞」的咖啡豆混合後，味道變得更加立體，也彌補了不足的甜味，喝起來也有種在喝香料咖啡的感覺，這是以巧克力×咖啡的組合就變得完美的搭配。

康堤（起司）×瓜地馬拉

起司與咖啡的美味完全濃縮「醇味」的絕佳搭配

「康堤」是足以代表法國的硬起司。搭配的是在「瓜地馬拉」的名產地「薇薇特南果地區」栽培的精品咖啡，而這款精品咖啡的特徵是洋溢的香氣與紮實的質感，與口感綿滑黏稠的康堤（Extra）搭配後，除了能感受到雙方的濃縮美味，康堤的甜味也會更加突顯，瓜地馬拉的焦糖感也會更加延展。

以「Cafe Saboroso」的商品「香氣四溢的瓜地馬拉」（1450日圓／250公克）沖煮的手沖咖啡。

用起司刨花刀削下來的康堤起司花。削成薄片放入熱咖啡，才能瞬間溶化，溢出香氣。

Blu Alla Canella起司×肯亞&衣索比亞（咖啡）

香氣高溢的起司可透過搭配的綜合咖啡提升香氣

「Blu Alla Canella」是利用和歌山產的肉桂與南高梅的燒酎增添香氣的藍紋起司。能包容肉桂強烈香氣的是具有柑橘類香氣的「肯亞」系列的咖啡豆。此外，藍紋起司與莓果、麝香類的素材非常對味，所以才將具有這類風味的「衣索比亞」混入肯亞裡。這麼做的用意在於擴增香氣，而不是統整香氣。

肯亞7：衣索比亞3的綜合咖啡

北義大利的起司工坊與「Copain de Formage」共同開發的「Blu Alla Canella」2376日圓／100公克。

3 個 C 互相爭豔的味道與香氣

Chocolate

satutanikanako 小姐

進口、監製、銷售世界各地的Bean to Bar巧克力的「Tomoe Saveur」代表。

http://t-sav.com

能以更多方式品嚐巧克力的是C.C.C.的配對方式。巧克力很難像起司或咖啡增添變化（在成品增添風味或是混合），所以C.C.C.一開始先選巧克力，接著選擇起司，最後才選擇咖啡。最近一提到巧克力，就想到以BON BON 巧克力為主角，然後Bean to Bar這類巧克力板則可充當配角。要讓這種巧克力板成為主角，必須先讓顧客產生興趣，而C.C.C.的確有機會讓顧客產生這樣的興趣。此外，就算是喜歡巧克力的人，C.C.C.也能提供讓這些人喜歡上起司或咖啡的機會。

Cheese

宮本喜臣先生

在和歌山第一間也是唯一一間天然起司專賣店「Copain de Formage」代表。

http://www.copain-f.com

到目前為止，我們這三個已經舉辦了6次C.C.C.的搭配講座。當C.C.晉級成C.C.C.，難度的確也跟著提升，但是卻能得到C.C.以上的樂趣。每次學員們到底會提出什麼樣的難題，對我們來說很有趣，也很不安（笑）。我們每次呈現的C.C.C.都有故事性，會在某個場面讓香氣擴增或是嘎然而止……，對我來說，就像是在拍攝名為「風味」的短篇電影。我負責的起司可做成花形、圓球形或四角形這些形狀，這也是與其他兩種元素的不同之處。希望C.C.C.這種擴增所見所食的搭配講座未來能讓更多人體驗。

Coffee

濱崎寬和先生

擅長「即刻綜合」的自家烘焙精品咖啡專賣店「Cafe Saboroso」的代表。

http://cafe-saboroso.com

巧克力與起司都是具有油脂的固體，反觀咖啡是這三者之中唯一的液體。負責在最後統整味道的是咖啡。在我心目中原本是主角的咖啡在經過C.C.C.的搭配設計之後，主張味道的方式有些改變，也變成了知名的配角。不過，就算是配角，只要能增添品嚐咖啡的樂趣，那也不失為可行之道。咖啡是一種烘焙時，溫度誤差1℃，味道就會驟然改變的飲料，使用這種技巧在C.C.C.的場合宣傳咖啡也是一件有趣的事。C.C.C.的講座能利用巧克力與起司讓咖啡的樂趣增加5倍、10倍喲！喜歡咖啡的女性們，請不要把咖啡想得太難，請自由自在地品嚐咖啡吧！

※C.C.C.搭配講座會不定期舉辦。資訊請參考左側的官網。

第4章

品嚐咖啡雞尾酒

在酒吧業界也越來越受注目的咖啡雞尾酒。在這個分野領先全日本的「Bar ISTA」與「UNLIMITED COFFEE BAR」提供了非常多元的咖啡雞尾酒。

4

咖啡雞尾酒與愛爾蘭咖啡的魅力

在咖啡雞尾酒競賽三度獲得冠軍的「Bar ISTA」的野里史昭咖啡師將帶領我們進入深奧的咖啡雞尾酒世界。

攝影　香西JUN

「Bar ISTA」提供的咖啡雞尾酒之中，也有「希望咖啡女子先喝喝看」（野里咖啡師）的愛爾蘭咖啡。850日圓（含稅）

了解誕生的背景，會更懂得味道的愛爾蘭咖啡

愛爾蘭咖啡是於1943年，由當時愛爾蘭福因斯水上機場候機室的餐廳咖啡吧主廚約瑟夫·薛勒登所發明。在冬天的某個晚上，準備從歐洲飛往美國的飛船因為天候不佳而折返福因斯水上機場，乘客只能在候機室的餐廳咖啡吧吃宵夜與取暖。約瑟夫為了讓這些乘客喝點溫暖的飲料，特別在咖啡裡加了愛爾蘭威士忌，而這就是愛爾蘭咖啡的起源。乘客問：「真是一杯美妙的咖啡啊！是巴西咖啡嗎？」約瑟夫則是開玩笑地回答：「是愛爾蘭咖啡喲！」。

約瑟夫之後便前往了美國舊金山的『Buena Vista』咖啡館，發揮主廚的手藝，也在那裡提供愛爾蘭咖啡，慢慢地，愛爾蘭咖啡也在全世界普及起來。

野里咖啡師提到：「在日本也有很多店家提供愛爾蘭咖啡，尤其可在咖啡館或酒吧發現。在為數眾多的咖啡雞尾酒之中，愛爾蘭咖啡算是非常容易入口的一款。我最先推薦咖啡女子喝的咖啡雞尾酒，也是愛爾蘭咖啡」。將愛爾蘭咖啡的愛爾蘭威士忌換成波本或日本威士忌，或是改變咖啡豆的種類，愛爾蘭咖啡的味道都會變得截然不同，所以對調製者來說，這部分非常講究技術，不過這也是愛爾蘭咖啡的趣味與深奧之處。野里咖啡師也提供了一些花式的愛爾蘭咖啡，例如使用奶油、糖漿與精品咖啡調製的「精品愛爾蘭咖啡」或是稍微改變愛爾蘭咖啡配方而成的「覆盆子愛爾蘭咖啡～煙燻冰塊版本」都是其中一種版本。

1

2

3

4

1 愛爾蘭咖啡通常會使用濃郁的咖啡。「Bar ISTA」使用的是義式濃縮咖啡。
2 圖中是正在Dry Shake（不加冰塊搖盪）新鮮奶油的模樣。搖盪與攪拌需要的不只是咖啡師的技術，也需要酒保的技術。
3 將加熱過的愛爾蘭威士忌、義式濃縮咖啡與糖漿倒入玻璃杯再攪拌。最後在上面鋪一層奶油就完成了。
4 野里咖啡師在咖啡雞尾酒競賽提供的「精品愛爾蘭咖啡」。（※不是「Bar ISTA」的固定菜色）

野里咖啡師的原創咖啡雞尾酒

將乾卡布奇諾
做成蒙布朗的樣子

栗子與義式濃縮咖啡的蒙布朗　在栗子（栗子糊＆栗子糖漿）與義式濃縮咖啡倒入與栗子對味的黑醋栗，然後再經過搖晃的冰咖啡雞尾酒。隆起的奶泡就像是歐洲最高山峰的白朗峰。撒了肉桂糖的奶泡可用湯匙以享受甜點的感覺舀起品嚐。

融合西式甜點的
「新型態設計」調酒

麝香葡萄蛋糕　顧名思義，這是以水果蛋糕為題材的咖啡雞尾酒。特徵在於分成上下兩層之外，還隔成左右兩邊。下層是在義式濃縮咖啡混入干邑白蘭地與麝香葡萄糖漿，上層的奶油則是在右邊倒了金巴利。中央則以覆盆子醬加上裝飾。這就是能從左右、中央這三個方向品嚐的調酒。

干邑橙酒魚子醬與
裸麥威士忌的組合

Starlet　這杯調酒是在玻璃杯裡倒入義式濃縮咖啡、裸麥威士忌與百香果糖漿，再倒入以干邑橙酒製作的粒狀果凍「干邑橙酒魚子醬」調製而成。裸麥威士忌的辛香氣味能襯托咖啡的酸味。是一杯能享受用來點綴的檸檬與百里香的香氣的調酒，同時也是一杯香氣高雅的調酒。

洋溢著香味的
花式愛爾蘭咖啡

覆盆子愛爾蘭咖啡～煙燻冰塊版本～　加入與咖啡、愛爾蘭咖啡都對味的覆盆子糖漿，再為補充不足的元素（香氣）而利用檸檬香茅糖漿與乾冰在調酒表面發出煙霧，藉此替代原本的鮮奶油。

※上述調酒皆不是「Bar ISTA」的固定菜單。

咖啡師創造的
新咖啡世界

咖啡雞尾酒是在咖啡加入利口酒、蒸餾酒、糖漿及水果等材料，調製而成的飲料。每一杯發揮咖啡師想像力與創造力調製的咖啡雞尾酒都有故事，每一杯都是想著品飲的人來設計酒譜，藉此創造故事，再將這杯故事送到顧客面前。當製作者的想法能確實地傳入顧客心坎，超越驚訝的「感動」就會誕生。我想透過咖啡雞尾酒帶給顧客未曾體驗的「驚豔」、「美味」與「感動」。若想喝杯咖啡雞尾酒，請務必大駕光臨「Bar ISTA」。（野里咖啡師）

Bar ISTA

野里史昭咖啡師在2014、2016年的日本精品咖啡協會主辦的咖啡雞尾酒競賽（JCIGSC／Japan Coffee in Good Spirits Championship）獲得冠軍，也曾代表日本參加世界大會。2015年第一屆的MONIN COFFEE CREATIVITY CUP獲得冠軍，可說是同時擁有咖啡師、酒保的輝煌經歷。在大阪Culinary製果調理專門學校執掌教鞭，用心培育後進。「Bar ISTA」使用精品咖啡專賣店「Unir」（P.102）的咖啡豆，提供義式濃縮咖啡的飲料與咖啡雞尾酒。

□ 地址／大阪府大阪市中央区北久宝町2-6-1
□ TEL／06（6241）0707
□ 營業時間／15點～23點（L.O.22點30分）
□ 例休／星期日、星期一、國定假日
□ 座位數／8席（可抽菸）
□ URL／http://bar.ista-baristaalliance.net

UNLIMITED COFFEE BAR的
咖啡雞尾酒

持續發表品嚐咖啡的新方法的精品咖啡烘焙坊「UNLIMITED COFFEE BAR」。
咖啡空間也設有吧台座位，致力於咖啡雞尾酒的研究。

※價格全部含稅　採訪、撰文　田中惠子　攝影　田中慶

品飲方式！
放入整顆的莓果與草莓，享受咀嚼的快樂。是適合各種情景享用的萬能雞尾酒。

以莓果類的味道整合咖啡 × 琴湯尼
冷萃琴湯尼（玫瑰 & 莓果）

衣索比亞耶加雪菲「GEDEBU」是以莓果或紅酒般香氣為特徵的冷萃咖啡，以此為基底加入搗碎的莓果、通寧水與野莓琴酒之後，就調製成眼前這杯咖啡雞尾酒。利用莓果類的味道統整整體的味道，藉此烘托咖啡的香氣與滋味是這杯咖啡雞尾酒的重點。使用自家製作的玫瑰糖漿，在水果滋味加入華麗的香甜風味。1296日圓

品飲方式！
第一口會先喝到綿滑的口感，接著會慢慢嚐到咖啡×香料的複雜滋味。

香料與義式濃縮咖啡融合 伏特加基底的咖啡雞尾酒

白雪　杜松子、丁香、柳橙皮各2～3份放入容器搗成粗塊，再注入伏特加靜置1分鐘醃漬。用冰塊冷卻日式攪拌杯之後，將上述醃漬的伏特加濾入攪拌杯，再倒入蜂蜜與義式濃縮咖啡攪拌。最後注入馬丁尼杯，再於表面鋪上一層鮮奶油。柑橘類香氣的義式濃縮咖啡與柳橙皮的互相烘托，讓味道產生了共通之處，也蘊釀出更為深奧的味道。1458日圓

品飲方式！
喝了幾口之後，可利用湯匙擠壓乾燥柳橙片，讓這杯咖啡雞尾酒充滿香氛的氣味。

品飲方式！
可看到咖啡師的調製過程，是一杯可欣賞實況表演的咖啡雞尾酒。

以果實雪酪襯托義式濃縮咖啡的深奧風味

協同咖啡雞尾酒　將自製的葡萄雪酪放入玻璃杯，再另外提供摻有糖漿的義式濃縮咖啡以及琴酒。這次使用的是具有莓果、紅葡萄風味的「衣索比亞 耶加雪菲 日曬」的咖啡。第一口能直接嚐到咖啡的香氣，接著味道會隨著慢慢溶化的雪酪而改變。1242日圓

口感馥郁的牛奶裡，帶有柑橘類咖啡的絕佳爽口感

義式濃縮咖啡 蘭姆酒 乳牛　在馬克杯倒入30毫升的蘭姆酒之後，先將蜂蜜溶入柑橘風味的義式濃縮咖啡，再將這個義式濃縮咖啡倒入馬克杯攪拌。接著倒入加熱過的牛奶（事先倒入柑橘類香氣的咖啡豆，醃漬2天的牛奶），最後再放上乾燥柳橙片當裝飾就完成了。滲入牛奶的咖啡香氣會讓這杯咖啡雞尾酒變得更有層次。1242日圓

以全球化的視角、技術，
持續探索精品咖啡可塑性的
新銳咖啡烘豆師

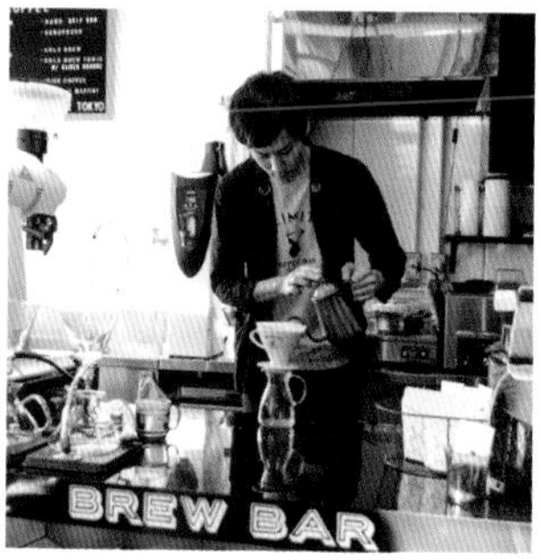

設立在吧台中央的「萃取區」可一邊欣賞咖啡師沖煮咖啡的樣子，一邊與咖啡師交流。

店面所使用的濾杯是陶瓷材質的V60，這也是與HARIO合作開發的原創商品。連同印有標誌的馬克杯都可在門市或網站購買。

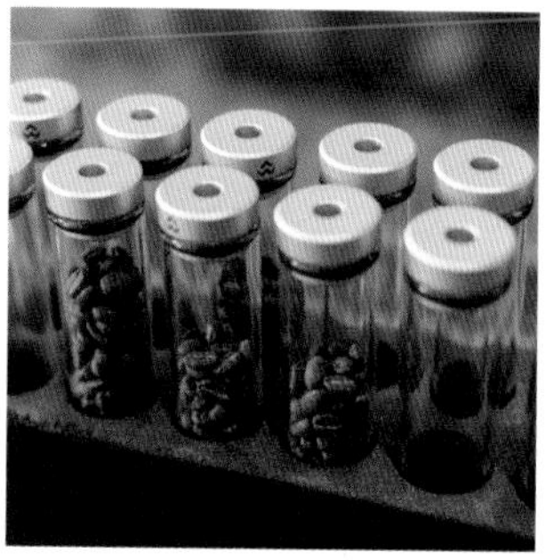

為了保留咖啡豆的完整風味，事先將每次沖煮所需的咖啡豆量裝在如同試管的密封容器裡，外觀看來起也很時尚。

這是陳列在訂購吧台的咖啡豆。只陳列精選的單品咖啡豆，目前約有7種（各800日圓／100公克）。

位於面對東京晴空塔的路邊。洗練的外觀讓人無法忽視，滿溢的咖啡香氣也不斷將過路客請進店裡。

雙方都曾留學的老闆夫妻。左側是松原大地先生，右側是平井麗奈小姐。曾擔任日本國內外各種咖啡師競賽的評審。

UNLIMITED COFFEE BAR

一如蘊含「無極限、無限制」意義的店名，這間咖啡廳以其自由的創意、呈現力，引領著下個世代的咖啡業界。除了用心培育咖啡師，也於店面二樓設置咖啡師訓練工坊。員工在許多咖啡競賽大放光芒之餘，該店的咖啡師也終於在咖啡雞尾酒競賽（JCIGSC 2017）獲得冠軍。走進這間店，可透過各種萃取方式與花式調製的方法，享受各種精選的單品咖啡。

□ 地址／東京都墨田区業平1-18-2
□ TEL／03（6658）8680
□ 營業時間／平日11點～24點
□ 星期六9點～24點、星期日9點～22點
□ 例休／星期一（國定假日仍營業）
□ 座位數／24席（店内禁菸）
□ URL／http://www.unlimitedcoffeeroasters.com

第5章 了解烘焙的新世界

日本有越來越多咖啡店
為了一般大眾或希望開咖啡店的人舉辦烘焙體驗講座。
接下來介紹的是「咖啡女子」在「GLAUBELL COFFEE」的
手搖烘焙講座以及使用烘豆機的「大山崎 COFFEE ROASTERS」的
講座體驗烘焙咖啡豆的過程。

體驗烘豆～手搖烘豆～

大部分的人都以為咖啡豆的烘焙需要大型機械，但其實在家裡也能烘豆子。
這次我們請來「想傳遞自己烘焙咖啡豆的樂趣」為概念，
「GLAUBELL COFFEE」的狩野知代小姐，向她請教簡單烘焙豆子的方法。

採訪、撰文　渡部和泉　攝影　花田真知子

能依照豆子的種類與情況，
烘焙出自己喜歡的味道嗎？

指導者

GLAUBELL COFFEE
狩野知代小姐

從事咖啡相關行業已15年，是一名非常活躍的女性烘豆師。以不帶給人類或地球負擔的咖啡豆為主，推廣德之島產的咖啡豆，也不時舉辦品飲咖啡的講座。研究咖啡的熱情以及寬厚的人情味累積了許多喜愛她的粉絲。

手搖烘焙的道具

左圖／「烘焙高手」5616日圓（GLAUBELL COFFEE的含稅售價）
背面呈波浪狀的構造可讓豆子均勻地滾動與烘焙。
右圖／咖啡生豆。與左側的衣索比亞相較之下，右側的蘇門答臘曼特寧較大粒，也較厚實，顏色也濃一點，而且水分含量較高，對初學者來說是比較難上手的咖啡豆。熟悉烘豆之前，建議從衣索比亞或巴西這類小顆粒的咖啡豆開始。

手搖烘焙的趣味在於能依照自己想要的烘焙度烘焙想喝的咖啡豆，而且能喝到現烘的咖啡豆。大概10分鐘就能完成烘焙這點，也是手搖烘焙的魅力。

最適合的烘焙場所是廚房的抽油煙機底下，但是烘焙時，銀皮（咖啡豆的薄膜）會四處飛散，所以得花點時間收拾善後。

有些少量銷售的網路商店可以買到生豆，如果是熟悉的現場烘焙咖啡店，則不妨跟店家商量，看能不能買小包裝的生豆。初學者比較適合購買小粒～標準大小的生豆，因為水分的含量不會太多。

實際加熱時間為中大火5～7分鐘。到了最後，豆子每1秒的狀態都不同，所以必須盯著豆子的變化。如果火候太小，花太多時間烘焙，豆子原有的風味就會變淡，喝起來就像是沒氣的碳酸飲料，所以千萬要注意火候。

大家或許都想試烘不同種類的豆子，但我的建議是先不斷手搖烘焙同一款豆子，直到烘出自己覺得好喝的烘焙度，才是進步的第一步。每次烘焙都記錄豆子變化的時間，比較能掌握自己喜歡的烘焙度，也比較能了解豆子的狀況。

一起練習手搖烘焙吧！

裊裊升起的煙霧、霹靂叭啦作響的生豆、撲鼻而來的焦香。
豆子的狀態是以秒的單位變化，
所以烘焙豆子時，請盯著不放，並讓五感全速運作吧！

Process NO. 01

放入生豆

剔除瑕疵豆之後，將50公克的生豆放入器具。所謂的瑕疵豆就是中間黑黑的或是有蟲蛀痕跡的豆子。可先在旁邊準備濾網以及扇子。

Process NO. 02

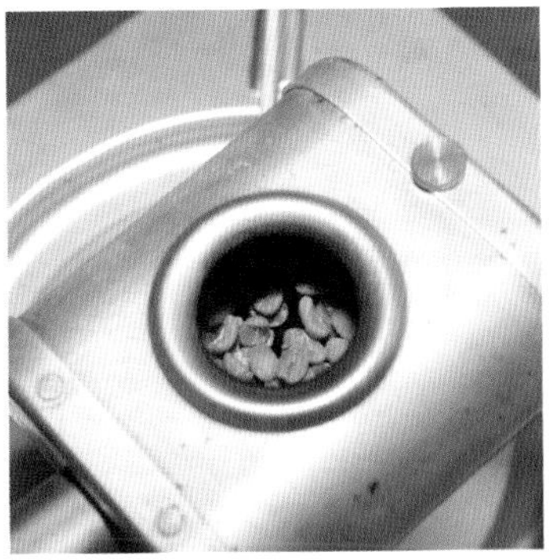

加熱道具

將瓦斯爐轉至中大火，一邊搖晃道具，一邊加熱。這個步驟大約30秒。

Process NO. 03

左右搖晃道具

保持原本的火候，將道具拉至火舌接觸不到的高度，再以一定的頻率左右搖晃道具，此時豆子的水分會開始揮發，大概過了2～3分鐘，豆子就會轉成黃色。

※每間店的烘焙度（淺焙、中焙、深焙）都有不同的標準。

Process NO. 04

開始１爆

經過４、５分鐘後，若聽到叭滋叭滋的聲音，代表１爆開始了（豆子開始膨脹）。此時會開始冒煙，銀皮（薄膜）也會開始飛散，豆子也轉換成褐色。

Process NO. 05

開始２爆

１爆停止後，若聽到批滋批滋的聲音，代表２爆開始了。此時豆子會轉換成深褐色，表面也會浮現一層薄薄的油脂。

Process NO. 06

將豆子倒在濾網上

看到豆子轉換成想要的顏色後，關火，將豆子倒在濾網上。此時手腳要俐落一點，不然咖啡豆會因為餘熱而繼續熟成！烘焙成中深焙～深焙的程度。（※）

Process NO. 07

用扇子搧風

一邊搖晃豆子，一邊用扇子搧風降溫。也可以用吹風機的冷風吹。

Process NO. 08

挑除銀皮與瑕疵豆

烘焙完成後，豆子會因為水分揮發而失去兩成左右的重量。完全冷卻後，放入保鮮盒，在常溫底下保存，然後趁新鮮的時候喝完。

Process NO. 09

冷卻道具

加熱過的道具不要直接放在桌上，可放在瓦斯爐上冷卻，同時也要整理四處飛散的銀皮。

用現烘的豆子煮杯手沖咖啡。「烘焙成自己想要的味道，就能度過更豐富的咖啡時光」（咖啡女子）

直到最後，都要以一定的節奏搖晃道具。搖晃的幅度太小，或是節奏忽快忽慢，都沒辦法烘得均勻喲！

※想烘焙成淺焙～中焙時，可在１爆結束，２爆剛開始時立刻關火。

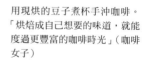

想一直品嚐現烘的感動

第一次注意到咖啡是還住在北海道的小學時代。我看到住家附近的咖啡店老闆沖煮咖啡的樣子，有種「好酷，以後我也要從事這種工作」的想法。我平常就喜歡喝咖啡，來到東京之後，沒什麼機會遇到自己喜歡的豆子，所以就開始自己烘焙。

儘管買來手搖網，也照著書裡的說明烘焙，卻還是大失敗，豆子沒完全烘熟，也沒辦法煮來喝。如果不了解生豆的潛力，就無法決定烘焙的程度，所以咖啡豆的烘焙真的需要知識與經驗。

慢慢地掌握祕訣，也想以咖啡為工作時，剛好接到開咖啡廳的企劃。我也因此買了小台的簡易手搖咖啡烘豆機。過了三年，就將家裡的某個房間改建成烘豆室，也買了1kg的烘豆機。之後的10幾年，都在這間房間烘焙，也透過網路商店將豆子賣給散客或餐廳。2016年，總算能推出自己的實體店面。

我之所以能毫不厭倦地走到這一步，是因為我一直覺得能自己烘焙理想的生豆是件很有趣的事情，而且聞到現烘的香味真的很令人感動。有些豆子的香味就像花朵般楚楚動人，有的卻像是奶油般濃厚帶勁。

我希望更多人體會這份感動，因此才以「帶領大家了解烘豆過程」的心情，舉辦了「手搖烘焙講座」。基本篇先介紹產地的資訊以及豆子的處理流程，之後就請學員手搖烘焙。如果學員想更進一步，我也準備了進階的課程，而這個課程會增加烘焙的次數，我也會給予更進階的建議。有許多人在課程裡喝到平常沒喝過的烘焙度，也有很多人在課程裡與不同的人聊咖啡而打開視野，當然也有人因此找到自己喜歡的咖啡。

咖啡豆的烘焙向來給人一種高門檻的錯覺，但是我常聽到學員說「沒想到比想像中簡單有趣」。其實有許多學員也在家裡自己烘豆。「咖啡豆烘好之後，等到隔天，二氧化碳釋放完成後，才是最好喝的時候」，我很常聽到這類的說法，但是，剛烘好的豆子真的是非常新鮮與爽口！每天的風味都會不斷改變，還請大家享受這個追著味道改變的過程吧！

GLAUBELL COFFEE的咖啡講座

講座一例

- 第一次的咖啡講座
- 試用各種萃取道具
- 法蘭絨講座
- 設計自己的配方豆
- 手搖烘焙體驗講座
- 比手搖烘焙更進階的講座

手搖烘焙體驗講座（基本篇）

不定期舉辦，每次招收2～3位學員，每位學費4600日圓（材料費、含稅）／約2小時。請透過官網洽詢。
http://www.glaubell.net

體驗烘豆～烘豆機～

京都府大山崎町的自家烘豆咖啡店「大山崎 COFFEE ROASTERS」
常舉辦適合一般大眾參加的烘豆工坊。身為烘豆師的中村佳太先生與 &MAYUMI 小姐
夫妻倆總是細心地講解生豆剔除到生豆烘焙的完整流程。

採訪、撰文　西倫世　攝影　松井 HIROSI

烘豆取決於火候、排氣量
以及烘焙時間之間平衡，
味道也會因此而改變
烘豆真的是門
深奧的學問啊！

指導者
大山崎 COFFEE ROASTERS
中村佳太先生、MAYUMI小姐

因為使用家用義式濃縮咖啡機而開始對咖啡產生興趣，也開始去講座學習。而因為311日本大地震而重新編排生活的兩人，決心從東京搬到能看得到山，而且環境非常安靜的京都府大山崎町，也在2014年開了現在這間店。

烘豆使用的道具

左圖／熱風式烘豆機「GRN」1公斤鍋爐。體積雖然嬌小，卻擁有營業級的優異性能。也可以選擇半熱風式的富士烘豆機「Discovery」。
右圖／右側是來自巴布亞紐幾內亞的生豆，左側是來自薩爾瓦多的生豆。中村先生細心地告訴我們，每種豆子都有不同的特徵，而且生豆的大小會因品種而不同，顏色也會隨著收成後的處理方式而改變。

烘豆機能一口氣烘焙大量的豆子。少量的話，能烘焙250公克的豆子，營業級的話，甚至能一次烘焙數十公斤的豆子。手搖烘焙很難掌握烘焙溫度的變化，但是烘豆機卻能隨時顯示鍋爐裡的溫度，也能透過設定掌握豆子的狀態與溫度，而且烘豆機還能利用調節排氣量的風門管理風量。中村先生提到「有些烘豆機會在關掉風門後，迅速囤積熱量，打開後迅速排熱。烘豆的後半段會開始冒煙，所以若是關著風門烘焙，就會烘出煙燻的味道，若是開著風門烘焙，就會烘出清澈的味道」。

烘豆機分成直火式、半熱風式與熱風式這三種，本店使用的熱風式的熱源在鍋爐的深處，只利用熱風烘豆。「不管是哪種烘豆機，火候、烘豆時間及排氣量這三者的均衡都會改變豆子的味道，所以沒辦法斷言，哪種烘豆機一定會烘出哪種味道，但是大致來說，直火式的烘豆機是從豆子外側烘焙，所以較能烘出焦香味。我們喜歡溫潤的味道，所以才使用熱風式的烘豆機，從裡到外均勻地烘焙豆子」。

一起練習烘豆吧！

看過中村先生的示範後，咖啡女子選擇兩種豆子試烘。
看著豆子慢慢變色以及叭滋作響，焦香的氣味也漸漸地隨之擴散！

Process NO. 01

挑選豆子，決定烘焙度

選出兩種想烘焙的豆子，再分別決定豆子的烘焙度。也可以將同一種豆子烘成兩種烘焙度。

Process NO. 02

生豆的剔選

從生豆（250～300公克左右）挑出瑕疵豆（因蟲蛀而有破洞或是快破掉的豆子）。

Process NO. 03

將生豆倒入烘豆機

點火後，讓鍋爐的內部加熱至100℃，再將挑選過的生豆（約250公克）倒入烘豆機。

Process NO. 04

調整火候與排氣量

透過搭載烘焙描述檔的平板電腦，以旋鈕微調火候與排氣量。

Process NO. 05

確認豆子的顏色

烘豆時，可偶爾取出豆子，檢查烘焙的顏色。快烘好時，可聽到兩階段的爆裂聲（1爆、2爆）。

Process NO. 06

停止烘焙

1爆結束後關火屬於淺焙，2爆開始立刻關火為深焙。若烘成自己喜歡的烘焙度，可將推桿往上推，讓豆子流出來。

Process NO. 07

讓豆子冷卻

承載豆子的部位就是冷卻器。剛烘好的豆子還留有餘熱，即便從鍋爐取出來，豆子之間還是會互相加熱，所以需要立刻冷卻。

Process NO. 08

手工剔選咖啡豆

確認有沒有焦掉的豆子、破掉的豆子，以及一開始沒挑出來的蟲蛀豆。

Process NO. 09

成品

這是烘焙完成的豆子（200公克左右）。右側為巴布亞紐幾內亞的深焙豆，左側為薩爾瓦多的淺焙豆。

上圖／研磨現烘的豆子，再以手沖的方式萃取。
下圖／烘焙後，一邊試飲，一邊與中村夫妻談天說笑也是參加工坊的樂趣之一。

現烘的豆子具有美妙的香氣。
經過3～4天之後，
豆子的狀態就會穩定，
也能清楚地嚐到豆子原有的風味。

讓品飲咖啡的時間
變成正面的體驗

本店是咖啡豆專賣店，主要是提供顧客豆子，讓顧客能在家飲用。為了讓大家喝到更美味的咖啡，也會舉辦手沖咖啡的講座。結果我們也聽到客人想要學烘豆的聲音。如果能了解烘焙，或許在家沖煮咖啡時，就能察覺豆子的差異，也或許能對咖啡更有想法，所以我們才開始舉辦烘豆工坊。對象原本設定為喜歡咖啡的一般大眾，但幾乎有一半的學員都是未來想挑戰在家烘豆的專家。看來烘豆的需求超乎我們的預測。

烘豆有著「沒有標準答案的趣味」喲！以前從事的是企業顧問的工作，前來洽詢的顧客大多希望得到明確的答案，但是每個人對咖啡的喜好都不相同，而且每個人的喜好也會隨著時間改變，每個時代的「好喝」也有不同的定義。正因為沒有正確答案，所以不管過了多久，都能享受咖啡的樂趣。最難的是儘可能地重現相同味道的咖啡豆。我們的立場是擁有穩定的烘豆技術之後，還得配合季節與天氣進行微調，烘出更美味的咖啡豆。（中村佳太先生）

很推薦的品飲方式之一就是與食物搭配。即使平常不愛喝酸味明顯的咖啡，與吐司一起吃，有可能就會覺得酸酸的咖啡其實也很好喝，這種令人驚豔的發現還蠻常出現的喲！我覺得這樣可以發現只有單獨品嚐咖啡時所未能察覺的咖啡魅力。我本身喜歡的是蘋果果醬吐司或簡單的餅乾搭配淺焙的咖啡。請大家務必也試著找到自己喜歡的搭配。（中村MAYUMI小姐）

咖啡雖然不像一般的餐點，不是生存必需的糧食，但是之所以會想喝，是因為咖啡對人有正面的作用，換言之，喝咖啡是一種正面的行為。從事咖啡相關行業的我們，也因此自然而然地變得比較正面。（佳太先生與MAYUMI小姐）

大山崎 COFFEE ROASTERS的
咖啡工坊

烘焙工坊
隨時舉辦，每次招募1位、學費8000日圓（含稅）／約2小時

煮出美味咖啡的方法～手沖咖啡～
隨時舉辦，每次招募2位、每名學費2000日圓（含稅）／約1小時

請透過官網申請與諮詢
http://www.oyamazakicoffee.com

接受採訪的烘豆體驗店資訊

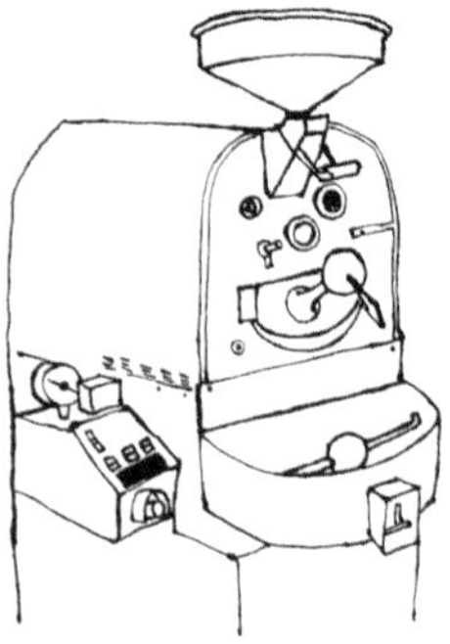

GLAUBELL COFFEE

女性烘豆師狩野知代小姐經營的個人烘豆坊，銷售豆子、內用、器具販售、講座及活動這些與咖啡有關的樂趣全部濃縮在店內空間，而這裡也是與咖啡同好相遇的空間。內用的選擇包含手沖咖啡、義式濃縮咖啡與低咖啡因咖啡，也能喝得到精品咖啡的檸檬咖啡與德之島咖啡。

□ 地址／東京都世田谷区代田5-7-9
□ TEL／無
□ 營業時間／星期四、五、六13點～17點
□ 例休／星期日～三
□ 座位數／6席（禁菸）
□ URL／http://www.glaubell.net

上圖／粉筆插圖為店內增添了幾許溫馨。有許多客人是為了親切又知識淵博的狩野小姐慕名而來。
下圖／店內隨時準備9種咖啡豆。可利用放在前面的小瓶子確認香氣與豆子的形狀再點咖啡。
左圖／負責咖啡包裝設計的是插畫家末房志野。咖啡豆的售價為650日圓／100公克～（含稅）。

大山崎 COFFEE ROASTERS

從世界各國採購的生豆約有10種，隨時從中挑選5～6種於自家烘焙與販售。利用熱風式烘豆機慢慢烘焙的目的，是為了烘出溫潤的口感。一邊試飲，一邊挑選豆子的方式受到眾人好評，大部分的客人都會在店裡停留1～2小時。非常積極舉辦體驗工坊，也常於活動推出攤位以及外出銷售。批發則以關西地區為主。

□ 地址／京都府乙訓郡大山崎町大山崎岩崎10-1 大山崎Green Hights201號室
（※2017年秋天，搬遷至右側的地址／京都府乙訓郡大山崎町大山崎尻江56-1）
□ TEL／075(755)5530
□ 營業時間／星期四、六10點～15點
□ 例休／星期日～三、五
□ URL／http://www.oyamazakicoffee.com

上圖／以50公克為單位販賣的單品咖啡豆。另有300日圓/50公克、600日圓/100公克(含稅)分為中度烘焙、中度微深烘焙、中深度烘焙、深烘焙四個種類。
下圖／烘焙所兼店面的一處。位於天王山下非常寧靜的住宅區中，距離JR山崎町‧阪急大崎站徒步15分鐘。

第6章
享受咖啡時光

要不要與重要的人一起悠哉地享受咖啡，或是一個人隨著心情慢慢地享受呢？
這次請到咖啡與甜點的名店
介紹適合在早餐與下午短暫時光裡享用的咖啡與搭配咖啡的輕食與甜點。

CAFÉ TANAKA 構思的
咖啡時光

足以代表名古屋的咖啡 & 甜點名店「CAFÉ TANAKA」。
從一早的早餐、正餐到下午茶，
長年來受當地人愛戴的本店咖啡沙龍總是非常熱鬧。
創業以來堅持提供的咖啡以及田中千尋主廚引進的法式甜點、輕食，
都讓日常生活的每個場景變成高雅的美妙時光。

※價格全部含稅　採訪、撰文　中西沙織　攝影　間宮博

家人與夫妻共享的
早餐咖啡

一天的開始，不妨來杯以蒸氣龐克咖啡機萃取、口感輕盈的「本日精選咖啡」。印尼、蘇門答臘的「曼特寧 藍林東」擁有實厚的醇味與熟成的香草、奶油風味，即使是喜歡苦味的咖啡愛好者，也非常喜歡這款咖啡。鋪著主廚特製的白醬、火腿與鬆軟炒蛋的「炒蛋吐司」以及早餐限定的吐司三明治、鬆餅都與這款咖啡非常對味。

Morning

本日精品咖啡「曼特寧 藍林東」
早餐套餐的售價
食物＋350日圓、單品600日圓～
炒蛋吐司 700日圓

Brunch

精品咖啡「巴西　聖塔阿琳娜」600日圓
季節沙拉法式薄餅　975日圓

優雅地享受一個人的時光

法式濾壓咖啡

在100%蕎麥粉的餅皮鋪上數種起司、當令蔬菜的法式薄片最適合當成早午餐吃。推薦的咖啡是滋味均勻，又能襯托餐點風味的「巴西　聖塔阿琳娜」。紮實的醇度裡，蘊藏著堅果般的香氣與柑橘類的高雅甜味、酸味。以咖啡壺的方式提供兩杯量的精品咖啡，所以能嚐得到各種溫度下的味道，充分體驗美妙的尾韻。

與氣味相投的朋友、重要的人一起享用的

下午茶咖啡

創業以來，就堅守味道不變的「TANAKA綜合咖啡」是以巴西、哥倫比亞共七種咖啡豆調配的咖啡。由咖啡師細心地以法蘭絨濾煮的這杯咖啡，可享受到濃厚香氣・苦味的深度和諧。再加上主廚以法國最高級的奶油栗子泥特製的「蒙布朗」，就能充分享受這段小小奢華的時光。這道甜點在酥鬆的達克瓦茲蛋糕底鋪上六個小時烤製的蛋白霜與純鮮奶油，藉此形成絕妙的均衡感。

「Fruits Rouges」是在用最高級的西班牙杏仁製成的塔皮，擠上卡士達醬與當令莓果的水果塔。塔皮的厚實感與莓果的酸甜風味搭配衣索比亞與肯亞調製而成的「非洲綜合咖啡」非常對味。除了突顯原有的高雅香氣以及果味，也同時散發著深焙特有的濃厚咖啡味。

（前景）精品咖啡
「CAFÉ TANAKA 非洲綜合咖啡」630日圓
Fruits Rouges 450日圓
（遠景）蒙布朗 475日圓
TANAKA綜合咖啡 450日圓

1

2

3

4

5

6

1 總店的咖啡沙龍是附近居民聚會之處，長年來受到當地居民的喜愛。週末有時會有鋼琴的現場演奏。

2 也有露天座位，讓人不禁想起法國的咖啡廳。「CAFÉ TANAKA」在名古屋市設立了四家門市。

3 進一步設定萃取溫度與攪拌方式，徹底帶出咖啡潛力的蒸氣龐克咖啡機。濾網可使用金屬濾網或濾紙。採用蒸氣龐克咖啡機之後，可提供更具深度與廣度的咖啡。

4 創業以來就堅持自家烘豆。依照豆子的狀況調整烘焙度之餘，只少量烘焙需要的分量，以便隨時維持新鮮。也可在此購買豆子（800日圓／100公克～）

5 這是總店的蛋糕店。在蛋糕展示櫃裡陳列的甜點可外帶也可在咖啡廳內用。

6 圖中是超人氣商品「咖啡豆巧克力」1200日圓／75公克～。以最適合與巧克力搭配的深焙咖啡豆，搭配根據產地、品牌精選的巧克力。

視心情與甜點選擇適當的咖啡，能讓咖啡時光變得更快樂

田中千尋小姐

於巴黎知名甜點學校「麗茲埃科菲」學成之後，擔任「CAFÉ TANAKA」的首席甜點師。除了在法國甜點加入日本的食材與飲食文化，也不斷追求能讓人為之驚豔的美味與原創性。也前往可可、咖啡豆的莊園探訪與採買。

「CAFÉ TANAKA」是在1963年創業的，在喫茶店文化濃厚的名古屋裡，父親創立了這間自家烘豆咖啡店「CAFÉ TANAKA」。味道始終如一的法蘭絨咖啡至今仍受到咖啡同好的客人非常高的支持。為了能做出與父親的咖啡味道相襯的甜點，我遠渡重洋，前往法國，在當地學習正統的甜點。回國後，將法國的甜點與文化導入咖啡店，也翻修了一遍店裡的裝潢。除了在展示櫃陳列蛋糕，也提供現作的鬆餅以及法國布列塔尼地區的「法式薄餅」，這些甜點也頗受好評。

近年來又開始挑戰一些新的事物，其中之一就是採用「蒸氣龐克」這款咖啡機。這款咖啡機除了可煮出清澈輕盈的口感，還能完整突顯豆子原有的個性。本店隨時備有6種精選的單品咖啡，希望大家來到這裡，享受咖啡與甜點那纖細的融合感。

為了買到優質的素材，本店也開始前往咖啡莊園採買豆子，並且在當地進行杯測，挑出優質的豆子後，再於店內提供。造訪當地時，讓我感到最驚豔的，莫過於咖啡的產地與處理流程，與製作甜點所不可或缺的可可豆非常類似，也因為有了這樣的經驗，才想出咖啡與巧克力搭配的新商品。

一直以來，本店的咖啡沙龍受到熟悉的咖啡同好支持，也受到許多家庭與女性客人的喜好，才得以不斷成長。我希望本店的咖啡沙龍能是一個隨時準備以熱情與親切的態度接待客人的地方，同時也希望讓顧客更了解品飲咖啡的方法。咖啡會因為產地或莊園而具有「風土」的特徵，收成後的處理流程與烘焙程度，都會影響咖啡的味道。大家不妨隨著當下的心情與甜點選擇想喝的咖啡，我想，這麼做應該能讓尋常的咖啡時光變得更加有趣。

CAFÉ TANAKA 總店

□ 地址／愛知県名古屋市北区上飯田西町2-11-2
□ TEL／052(912)6664
□ 營業時間／咖啡：平日9點30分～19點（L.O.18點30分）、星期六、日、國定假日8點30分～19點30分（L.O.19點） 蛋糕銷售區：10點～19點30分
□ 例休／全年無休 □ 座位數／63席（部分為吸菸區）
□ URL／http://www.cafe-tanaka.co.jp

第7章
我們從咖啡找到的生存之道

擁有咖啡店的人、擔任咖啡師的人、希望成為咖啡講師的人……
接下來為大家近身採訪五位以喜歡的咖啡為業，
在咖啡的現場第一線活躍的女性。

擁有自己的咖啡店 01

喜歡咖啡，最後總算擁有咖啡店
這兩位女性分別是東京「coffee caraway」的
蘆川小姐與大阪「café Weg」的久保小姐。
這次造訪這兩位咖啡師的店面，
請教她們開店之前的心路歷程以及開店的點點滴滴。

「coffee caraway」的蘆川直子小姐。

1

2

1 位於商店街之內，灰藍色的牆壁與大面落地窗的設計讓人無法忽視。搬遷之後，也多了一些穿著時髦的男性客人。

2 caraway是小說裡的人物。聽起來很中性，且帶點可愛。

東京・祐天寺

coffee caraway

以「接近品飲之人的友善咖啡」為座右銘的咖啡店。希望顧客不是以品牌、產地挑選咖啡豆，而是隨著心情挑選，所以咖啡豆取名為matin（早上）、Quatre-heures（下午茶時間）這些簡單易懂的名字。2015年從上目黑搬到祐天寺這個較為沉靜的區域，致力於銷售自家烘焙的咖啡豆。

□ 地址／東京都目黒区五本木2-13-1
□ TEL／無　□ 營業時間／12點30分～18點30分
□ 例休／星期日、星期一　□ 座位數／5席（禁菸）
□ URL／http://c-caraway.com

花10年打造的理想咖啡店

於2016年屆滿10周年的『coffee caraway』是從自家的網路商店起步，發展成烘豆所兼咖啡店的實體店鋪。經過一次改建後，2015年搬遷至祐天寺車站附近，也總算打造成理想的咖啡店。蘆川小姐充滿回憶地說：「每次的改建與搬遷都需要耗費經費，顧客也會因此覺得麻煩。不過，如果是10年前的自己，絕對沒辦法打造出現在的店。雖然效率不彰，但覺得已經是盡力完成當時所能做的事，才得到現在的結果」。

當網路商店的訂單越來越多，我開始想要一個能專心烘豆子的地方，所以找了間老舊的房子，開了第一間的上目黑店。我一直把這間店當成烘豆的場所，但因為原本的吧台座位還留著，所以就當成咖啡空間使用。雖然這間店位於距離車站有點遠的地點，也低調得不注意就會忽視，但是慢慢地培養出「這裡可以安靜地喝杯咖啡」的常客，也成為一間受歡迎卻很低調的咖啡店。

旁人來看，到目前為止應該算順利，但是蘆川小姐卻為了「烘豆應該是主角，咖啡店應該是配角才對，怎麼兩者的立場互調了」而煩惱。

開店過了三年半左右，我決定縮小咖啡廳

3 在店內深處的架子上，陳列了許多咖啡相關的商品以及書店「SUNNY BOY BOOKS」（東京都目黑區）精選的書籍。這些書會定期汰舊換新，也成為常客來這裡的趣味之一。

4 圖中是位於橫濱的烘焙甜點店「Kinarite」的甜點。奶油蛋糕、法式薄餅、費南雪這些與咖啡對味的烘焙甜點都很齊全。

5 地板磁磚的花紋是請從以前到現在一直是粉絲的藝術家「gusears」以描寫紙繪製的。美麗的圖案是以掉落在海邊的陶器碎片為雛型。

3

4

5

※價格全部含稅　採訪、撰文 渡邊和泉　攝影 片桐圭

開業的歷程

2000年左右　開始喜歡咖啡
2005年　開始烘焙咖啡豆
2006年11月　自家烘豆網路商店開幕
2008年10月　尋找適合烘豆的房子
2008年12月　烘豆所兼咖啡店的實體店面開幕
2012年7月　改裝咖啡店
2014年　開始尋找搬遷地點
2015年8月　正式搬遷

1

2

1 「Quatre-heures」（瓜地馬拉、盧旺達的中深烘焙配方豆）400日圓。具有清爽的香氣與爽口的口感，讓人每天都想喝上一杯。咖啡杯與咖啡杯盤都來自長崎的燒窯。

2 以地板磁磚花紋為設計的原創咖啡保鮮罐（562日圓）。可在裡面裝豆子當成禮物。「Quatre-heures」的豆子售價為630日圓／100公克。

的空間，專心銷售豆子。

「也曾想過搬家，但還是想先從在這裡就能完成的事情著手，所以開始改造店內的裝潢、咖啡的包裝以及網站，一步一步接近自己的理想。」

接著又過了一年半左右，這個老舊的房子準備改建，我也開始認真地尋找搬遷的地點。

根據交通的方便性尋找時，發現這個距離車站徒步4分鐘的地點。雖然是在商店街裡面，但是我很喜歡這裡沉靜的氣氛。

一走進宛如歐洲某處老字號甜點店，充滿洗練氛圍的店裡，立刻看到旁邊陳列著許多自家烘焙的咖啡豆，咖啡空間則定位成試飲區。不知道該買哪種豆子時，不妨與咖啡顧問的老闆商量一下。

不因為時代與周遭事物的變遷而隨波逐流，一邊堅持自己的主軸，一邊不斷進行挑戰的蘆川小姐，花了10年打造了這間咖啡店，而這間店也因為繞了一點遠路也變得如此特別與美好。

「希望接下來能與顧客一起思考咖啡的美味」，蘆川小姐以沉穩的語調說出這句話的模樣，真的是充滿了專家的自信，也讓人覺得非常閃耀。

5

3

4

3 這是店裡的烘豆機。常烘焙500公克～1公斤的豆子，所以門市隨時陳列著新鮮的咖啡豆。

4 以KONO這個知名濾杯細心沖煮咖啡。壺嘴如此特別的手沖壺是KALITA牌。

5 這是原創的綜合咖啡香料（各346日圓）。加入咖啡粉一起沖煮的話，能為咖啡增添香氣與淡淡的甜味，形成有別以往的風味。

請教蘆川小姐
「coffee caraway」的開業歷程與開店方法

為什麼會想擁有自己的店面

剛開始在網路銷售咖啡豆的時候，顧客只有幾個人，所以覺得在家烘焙就夠了。
但隨著烘焙量的增加，我開始想要一個能專心工作的地方，
也才希望擁有自己的店面。
實際設立店面後，自己也多了一份覺悟，
同時也從進貨方、顧客得到更多信賴，被大家當成了專家。

為什麼會對咖啡產生興趣

2000年，東京掀起「咖啡熱潮」時，
我也很喜歡逛東京都內時髦的咖啡廳。
當時不太敢喝黑咖啡，但是在某間店喝到深烘焙的法蘭絨咖啡之後，
才真正了解咖啡的美味，也為此感動不已。
之後也去了好幾次那間店，但每次的風味都有微妙的差異。
當時的我覺得，咖啡是門很難又很有趣的學問，
所以開始自己買豆子，自己煮咖啡。

店裡發生了哪些令人感動的場景

在每年的開幕紀念日收到花束時，
都會很感動地覺得「這真是一份充滿幸福的工作」。
如果沒有自己的店，就無法體驗這樣的感動喲！
對這些顧客來說，「coffee caraway」也是一處具有回憶的地方，
所以才會一起慶祝吧！所以我也覺得這間店不只是我的，
而為了不讓這些在一旁守護的人失望，
也一直覺得要讓這間店繼續下去。

如果懷抱著「想擁有自己的店面」
這個夢想，請務必提早行動，
而不是一直告訴自己「總有一天會擁有」！
尤其女性得面臨結婚與生小孩的問題，
更是需要提早行動。

開店的祕訣

與其說開店很辛苦，不如說是開始一件新事物是很有趣的事。
不過既重要又困難的是讓店維持下去。
為了達成這件事，我覺得要將店內打造成顧客不會厭倦，
又能在這裡舒服地待著的環境。
現在的店沒有在裝潢上有太多著墨，故意留了比較多的空白，
然後再將不時邂逅的插圖或作品裝飾上去。光是改變裝飾品，就能讓心情煥然一新喲！

擁有自己的店面而感到慶幸的事

我覺得是享受個人的自由與責任感這點。
之前也曾在公司上班，而在組織裡，就必須分工合作，
所以難免會遇到需要妥協的時候。
不過，若是開了自己的店，就必須仔細地思考該怎麼讓這間店在現在的社會裡活下去，
而且能讓想法具體成形這點也是深深吸引我的地方。
能以個人的身分與從事相關工作的同伴熱烈地討論夢想或合作，
也是一大樂趣喲。

大阪・南堀江

café Weg

2008年，在距離大阪堀江購物商圈稍微遠的沉靜之處開幕。為了品嚐自家烘焙咖啡、自製蛋糕以及想要一個放鬆的空間而來的常客從20幾歲到90幾歲都有。老闆久保小姐其實原本也不敢喝咖啡，但聽她說，似乎是學生時代有機會接受咖啡課程，而在那次課程了解新鮮咖啡豆沖煮的咖啡有多麼美味，也因此感動不已。

□ 地址／大阪府大阪市西区南堀江2-13-16勝浦大樓1樓
□ TEL／非公開
□ 營業時間／9點30分～18點30分
□ 例休／星期二
□ 座位數／16席（禁菸）
□ URL／http://www.cafe-weg.com

擁有自己的咖啡店

02

站在吧台另一方煮著咖啡的久保小姐。是得到SCAJ（日本精品咖啡協會）認證的咖啡大師。

這裡是面對公園的寧靜地點。從小小的窗戶可窺見店內的模樣。

開業的歷程

1998 年　短大畢業。進入辻麵包達人學院就讀
1999 年　從辻麵包達人學院畢業，開始在神戶的麵包店工作
2000 年　於福島縣飯館村的「椏久里」（現在已遷至福島市）工作
2005 年　一邊在「椏久里」工作，一邊於東京的「Café Bach」學習烘豆技術
2006年　回到大阪。於大阪、玉造的「Wiener Rose」咖啡廳（目前已停業）工作
2008 年　獨立開業

透過咖啡實現年輕時，一直想獨立開業的夢想

原本想成為廚師的久保小姐在短期大學取得營養師的執照，畢業後，進入辻調理師專門學校在當時開設的麵包達人學院就讀。之後因為對某些食物的過敏而放棄廚師這條路，改以開咖啡店為自己的志業。對久保小姐而言，咖啡最讓她棘手的不是味道，而是喝了會火燒心。不過，在學院接受東京自家烘豆咖啡店『Café Bach』老闆田口護先生的咖啡課程後，發現之所以喝了會火燒心，完全是因為喝到氧化的舊豆子，只要喝的是新鮮的豆子，就不會有這個問題，久保小姐提到「當時喝到田口先生煮的咖啡之後，真的覺得很好喝，也很感動」。當時喝完後，身體一點問題也沒有，所以對咖啡的興趣也越來越高漲，最後也萌生開一間自家烘焙的咖啡店。

在福島縣自家烘焙咖啡店「椏久里」服務6年後，回到大阪，準備自行開業的久保小姐，一邊打工，一邊籌措資金，同時每兩個月往返一次東京的「Café Bach」，持續學習烘豆技術三年。花了三年尋找店面後，最後在鄰近圖書館與公園的這個理想位置找到現在這個店面。

1 圖中是日本富士皇家烘豆機5公斤的版本。為了想獨立開業的久保小姐，恩師田口護先生為她找到狀態不錯的中古機器。
2 烘焙前後，都會挑出瑕疵豆。希望能隨時提供新鮮的「優質咖啡」。
3 自家烘焙的豆子都會放在大型玻璃瓶展示。從客座也能看到整齊排列的樣子。
4 經典的咖啡豆有13種，加上一款期間限定的豆子共有14種（580日圓／100公克～）。此外配方豆還有淺焙、中焙、深焙的種類可以挑選。

1

2

3

4

※所有價格都含稅　採訪、撰文 西倫世　攝影 松井 hirosi、田中慶

概念就是能同時品嚐咖啡與甜點的店。以手沖的方式萃取自家烘焙的咖啡。咖啡豆共有14種，種類非常齊全與豐富。甜點則是與咖啡對味的磅蛋糕、奶油蛋糕與烘焙蛋糕。沒有慕斯或冰淇淋這種單品甜點，只準備能讓人想與咖啡一起品嚐的甜點。

菜單之中最有特色的就是淺焙的Soft Blend。雖然用於美式咖啡的配方豆，卻不是現在流行的酸味咖啡，而是清爽的味道，是以少量的豆子萃取。

到了現在，久保小姐開始思考什麼才是好喝的咖啡。「我覺得喜歡的咖啡就是不喝習慣就無法了解的咖啡。此外，第三波咖啡浪潮來襲後，人們也能感受到更多味道。最近被突顯咖啡酸味的方式嚇到，但是越來越多人喜歡喝充滿果香、香草茶味道的咖啡」。久保小姐一邊指出咖啡的樣貌越來越多元的同時，也笑著說「所以我才說咖啡很有趣呀！」、「我真的再次體會到，每個時代都有流行的味道，我也需要繼續努力學習」。

能看到咖啡萃取過程的7個吧台座位以及8個桌子座位。常客通常會很自然地坐在能近距離與久保小姐交流的吧台座位。

1 作為該店味道基準的「Weg Blend」480日圓。苦味與酸味恰到好處，推薦第一次來這裡的人選擇。自製「三種餅乾」160日圓。
2 每次單點都細心沖煮的手沖咖啡。
3 是否與咖啡對味是甜點最優先的考量。隨時準備3～4種蛋糕，烘焙甜點則有3種。照片裡的蛋糕是久保小姐精選的「年輪蛋糕」340日圓。
4 在以木頭色為基調的自然氛圍之中，紅色的椅子成了效果色。

1

2

3

4

向久保小姐請教
「café Weg」的開業歷程與咖啡

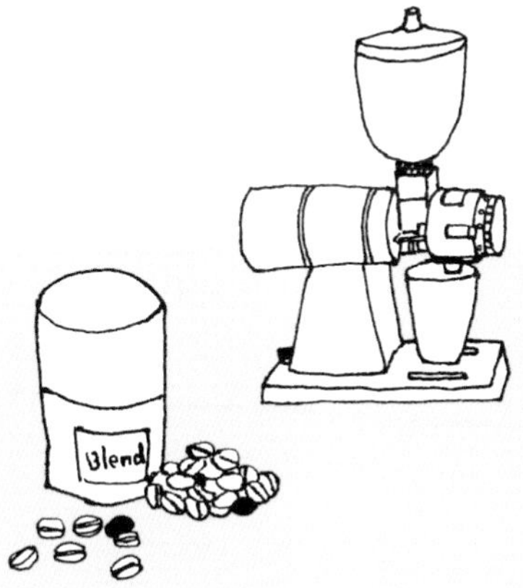

為什麼想擁有自己的店

小時候就莫名地想擁有自己的店。一直以來身邊有許多想獨立創業的人，
例如專門學校時代或是在神戶麵包店工作時候的朋友都想自己開店，
所以我也覺得開店是件很自然的事。
在福島縣的「椏久里」工作的6年，不僅學到有關甜點與咖啡的知識，也學到怎麼接待顧客與在地常客。

擁有自己的店面之後，最令妳開心的事情

最開心的就是完成夢想的成就感，
第二開心的就是能與不同的人認識。
開店之後，會有不同職業的客人光臨，所以也能了解未知的世界。
有時候也會有老朋友來訪。
目前已營業8年，有些常客情侶都結婚生子，而且還全家一起來玩，
我覺得這就是我能長久經營下去的理由。

有什麼特別有印象的事情嗎？

開店沒多久，我的師傅們就全部來店裡慰勞我。
開幕日訂在12月23日對同業來說，這絕對是非常繁忙的日子，
但是「Café Bach」的田口先生、「椏久里」的市澤先生、
神戶麵包店的老闆兼主廚、「Wiener Rose」江崎先生都來了。
明明才剛開業，
卻有種「就算今日歇業也無憾了」的感想（笑），
當時真的是太感動了。

想開咖啡店的人
若是找到與自己理想相近的店家，
不妨先進去工作看看。
光是跟身邊的人說「我想擁有自己的店」，
有些事就會開始有所轉變。

有沒有印象特別深刻的咖啡

果然還是在辻麵包達人學院的課程喝到田口先生沖煮的咖啡吧！
之後就是在「Café Bach」喝到的藝妓讓我很受衝擊。
藝妓是咖啡豆的品種之一，卻具有宛如檸檬的香氣，
這點實在令我驚訝不已。而且這件事在「第三波咖啡浪潮」向日本襲來之前發生，
能在味道前段就嚐到果香的咖啡，也就更加讓我感受到新鮮感。

最喜歡的咖啡

只要是自家烘焙而且經過汰選的咖啡我都喜歡。
今天想喝深焙的咖啡，或是想加大量的砂糖與牛奶再喝，
我喜歡隨著心情挑選想喝的咖啡。
在店裡都是煮手沖咖啡，
但其實我也很喜歡義式濃縮咖啡與卡布奇諾喲。
自己手沖咖啡時，就會切換成工作模式，
所以我希望休息時，能喝一杯別人為我煮的咖啡。

01

以咖啡師為職志的女性

若問誰是咖啡師心目中憧憬的女性咖啡師，那絕對非「丸山珈琲」的鈴木樹小姐與「Unir」的山本知子小姐莫屬。
除了在她們服務的店家就近觀察她們，也一起欣賞她們在講座、競賽以及各種場合的活躍吧！

1

2

3

1 根據想萃取的味道調整豆子的研磨度與分量，以便達到最理想的萃取。
2 這是鈴木小姐愛用的道具。用來攪拌磨好的豆子，萃取更均勻的風味的Blind Shaker、KALITA的波浪手沖壺及「丸山珈琲」共同開發的Cores濾網、PULLMAN的填壓器。
3 觀察義式濃縮咖啡的顏色，聞一聞香氣再試飲。

丸山珈琲

鈴木樹咖啡師

為了咖啡產業、文化的發展，想提升一杯咖啡的價值

能以各種萃取方式享受來自世界各地精品咖啡的「丸山珈琲」催生出許多在咖啡競賽獲得冠軍、獎項的實力派咖啡師，而其中的標榜人物就屬鈴木樹小姐。之前曾擔任店長以及零售地區總監的職務，現在擔任的是銷售企劃總監／咖啡師。2016年於JBC（日本咖啡師大賽）完成史上首次三度稱霸的豐功偉業。

4

5

6

7

4 在JBC的比賽裡，參賽者必須在15分鐘之內做出各4杯的義式濃縮咖啡（Espresso）、咖啡牛奶飲品（Milk Beverage）與創意咖啡（Signature Beverage）。

5 在2010年、11年、16年的JBC獲得冠軍。資深世代的鈴木小姐如此活躍，對於咖啡業界的新手培育帶來極大的影響。

6 擺在西麻布店的JBC2016冠軍獎盃。能得到冠軍都是因為有丸山團隊以及許多人在背後支持。

7 近年來尋訪產地的機會也增加。照片裡的是拜訪哥斯大黎加Shinrimitesu莊園的照片。©丸山珈琲

咖啡師的工作不是只需要萃取義式濃縮咖啡，還要透過一杯咖啡介紹咖啡的文化以及生產者，這也是非常重要的工作。擔任銷售企劃總監的鈴木小姐一邊統整直營店與培訓室，一邊擔任在門市接待客人的咖啡師。「現在的工作是決定咖啡豆的價格以及訂立銷售計劃、向顧客介紹銷售計劃，或是銷售能襯托咖啡的食材（例如巧克力），這些都是進入公司之後，一直很想做的事情。身為丸山珈琲代表的丸山健太郎先生會從世界各地採買優質的咖啡豆，所以我希望提出即使是客人覺得有點門檻的咖啡豆（例如藝妓），也能輕鬆地試飲與比較的企劃」。

鈴木小姐曾經於咖啡雞尾酒競賽之中（Japan Coffee in Good Spirits Championship）擔任評審，放假時也常去不同的酒吧喝酒。「除了喜歡酒精飲料，酒保的應對能力、交流能力、呈現能力都是非常棒的學習。以簡單易懂的詞彙待客，是一種讓客人開心，又能了解顧客口味的技術，能作為咖啡師參考的部分實在多得數不盡」。

鈴木小姐雖然在2012年世界咖啡大

※所有價格都含稅　採訪、撰文 山本AYUMI　攝影 後藤弘行

師賽（WBC）得到第四名，卻未能在之後的日本國內大會（JBC）締造佳績。不過，2013年，當時的後輩井崎英典先生（現為株式會社SAMURAI COFFEE EXPERIENCE）在該大會締造了亞洲第一位世界冠軍的佳績，也總算能放下重擔，重新發現自己的課題。

「之後，當岩瀨由和咖啡師（REC COFFEE）在JBC連續獲得冠軍後，我發現自己缺乏人際關係的建構能力、解決問題的能力以及掌握全局的能力，所以也下定決心，要以咖啡師的身分，讓更多人對咖啡產生興趣。挑戰WBC就是我想到的方法。」

打開視野的鈴木小姐應該能在不久的將來在WBC獲得冠軍。

鈴木樹咖啡師的最佳推薦！

愛爾蘭咖啡

以哥斯大黎加「50lbs.ECP 薩摩拉莊園 藝妓 日曬」與愛爾蘭威士忌「Jameson Black Barrel」調製的愛爾蘭咖啡。讓人聯想到熱帶水果與香草的風味，隨著冷卻才浮現的柳橙、焦糖風味也非常特別。950日圓

50lbs.ECP 哥斯大黎加 布魯瑪斯 森特羅莊園藝妓 日曬

哥斯大黎加精品咖啡的「Top of Top」的咖啡豆由「丸山珈琲」取得日本獨家代理的權利，也是「50lbs ECP」之中的一種。熱帶水果、柑橘與玫瑰的風味令人印象深刻。2300日圓／100公克

1

2

3

1 位於大片玻璃窗大樓1樓的西麻布店。客層以30～60歲為主，平日有許多媽媽們來，也常有商務人士來此開會。
2 西麻布店隨時準備30種咖啡與菜單。
3 門市入口旁邊陳列了咖啡豆、手沖壺、書籍這些咖啡相關商品以及冠軍獎盃。

丸山珈琲　西麻布店

□ 地址／東京都港区西麻布3-13-3
□ TEL／03（6804）5040
□ 營業時間／8點～21點
□ 例休／全年無休
□ 座位數／48席（禁菸）
□ URL／http://www.maruyamacoffee.com

向鈴木樹咖啡師請益

透過咖啡找到的生存之道

為什麼想成為咖啡師？

我原本是個怕喝咖啡的人（苦笑），不過2007年打工的地點「ZOKA COFFEE」（目前已停業）
有許多在各項競賽活躍的咖啡師前輩與咖啡訓練師。
這讓我能就近取得咖啡的知識與全世界的最新資訊，
而且也非常喜歡拿鐵拉花，所以就在此機緣之下，想成為咖啡師。

有什麼印象深刻的事情嗎？

令我印象深刻的是某位男性的感想。
「夢想其實比想像中容易實現，所以要事先計劃實現夢想之後的事喲！」。
在JBC的成績不佳，陷入谷底的時候聽到這句話，
真的瞬間舒了一口氣，也讓我重新振作，思考該怎麼做才能獲勝。
因為如此，我才能在那年（2016年）在JBC重獲睽違五年的冠軍。

從事咖啡師有何趣味

就是與人的相遇。除了與顧客的相遇，
參加競賽或是去全世界各地的莊園探訪，
能在不同的場合遇到許多不同的人。
例如前面介紹的在2011年就開始前往探訪的哥斯大黎加森特羅莊園，
就遇見了生產者的法拉摩先生，
我也一直以同伴同行的心情聲援他。

若想成為咖啡師，
請挑戰品嚐各種味道的咖啡豆
以及不同的人所沖煮的咖啡喲！

身為咖啡師，現在正在挑戰什麼事？

希望在WBC世界大會獲得冠軍，
也希望讓客人對咖啡產生興趣，更了解咖啡的美味。
我認為，以咖啡師的身分挑戰WBC就是實現的方法。
若是能聽到「鈴木小姐推薦的咖啡是我愛上咖啡的原因」這類話，
絕對會非常開心。

接下來想做的事

我希望在「丸山珈琲」的西麻布店提供使用酒精調製的花式飲料。
今後也希望使用各種當令食材調製各種咖啡雞尾酒，
讓顧客享受酒品與咖啡的搭配。
也想以咖啡師的身分，自行創造更多有關咖啡的魅力，
以及進一步宣揚咖啡。

在JBC連續6年進入準決賽，在2014年獲得亞軍、2015年獲得第3名。在FHA亞洲咖啡師大賽2016代表日本參賽，獲得第3名的佳績。

02 以咖啡師為職志的女性

1 在「Unir」東京赤坂店任職服務的山本小姐。赤坂店位於「HOTEL the M赤坂INNSOMNIA」的1樓。
2 山本小姐目前是「Unir」所有門市的經理與咖啡訓練師。「Unir」目前在京都、大阪、東京設立了門市。

1

2

Unir

山本知子咖啡師

身為「咖啡大使」，宣揚精品咖啡的美味

2006年山本知子小姐與老公山本尚先生一起創立了精品咖啡自家烘豆坊的「Unir」。開業經過10年後的現在，於公司內部與外部擔任咖啡師。除了以「Unir」總經理／首席咖啡師的身分致力於培育後進，也擔任講座講師與專門學校的講師。到目前為止，不斷地挑戰JBC（日本咖啡師）以及其他競賽，也因此得到不少獎項。

3

4

5

6

3 「Unir」咖啡的人氣組合。「提拉米酥」（550日圓）與單品義式濃縮咖啡的「卡布奇諾」（520日圓）。

4 山本小姐愛用的Rattleware的拉花鋼杯、PULLMAN的填壓器、BSC（巴西精品咖啡協會）的杯測匙。

5 在總店的訓練室兼講座室設立了競賽規格的機器。員工可自由使用，山本小姐也會在此指導員工。

6 隨時備有2種配方豆以及6種單品咖啡豆（650日/100公克～）。

山本夫妻被精品咖啡的美味與價值觀吸引之後，從其他行業投身於咖啡業界。山本知子小姐回憶地說「當時的我是園藝設計師，所以在咖啡業界是絕對的外行人」。前一份工作雖然與咖啡完全無關，但是「依照顧客的喜好設計庭院，以及依照顧客的喜好提供咖啡豆，都是一種「待客」之道，兩種工作在這點是相通的」。「Unir」的總店在開業第10年的2016年遷址，也於東京設立店面，但是在任何環境下都重視待客之道的這點，仍然是不變的。

「如果只是會煮咖啡，在Unir是沒辦法被稱為咖啡師。每一位咖啡師都必須能運用咖啡相關知識與技術，並且把自己當成『咖啡大使』，用自己的語言宣揚精品咖啡的魅力」。

山本小姐不管在哪間門市上班，都與其他員工一起從打掃開始，再進行調整機器、銷售豆子以及沖煮咖啡，然後趁著工作的空檔撰寫原稿以及調整在專門學校講課的行程。對她而言，這些工作的目的都是為了宣揚精品咖啡的魅力以及推廣精品咖啡。

此外，山本小姐認為參加JBC這類競賽可以「得到很多收穫，相對的也需要耗費很多時間與體力，所以是一個沒有做好覺悟

 ※所有價格都含稅　採訪、撰文　土橋健司　三上惠子　攝影　合田慎二 曾我浩一郎

山本知子咖啡師的最佳推薦！

冰搖咖啡
在雙份義式濃縮咖啡裡加入少許糖漿，再以雪克杯急速冷卻的冰咖啡。如此一來，就能在味道不會變淡的前提下，享受咖啡原有的風味。若使用淺焙的咖啡豆可嚐到果汁般的風味，所以不愛喝咖啡的人也很推薦試喝這款咖啡雞尾酒。610日圓

宏都拉斯 San Luis March
從開幕之初就開始往來的莊園，生產的咖啡豆具有絕妙均勻的酸甜滋味。也曾於咖啡競賽時使用，擁有極高的公信力，山本小姐提到：「每年都很期待豆子的成品」。這款豆子與牛奶也非常對味，「Unir」都是烘成中深烘焙的烘焙度。690日圓／100公克

1 設立在總店入口旁邊的銷售區放了試飲的咖啡壺，讓每位客人自行選擇喜歡的風味。所有單品咖啡豆都可試飲。
2 大型烘豆機（loring smart roaster 35公斤）非常吸睛。「Unir」總店距離JR長岡京站10分鐘車程，距離阪急長岡天神站5分鐘車程。
3 佔地150坪的總店設有咖啡區，可在此享受當地自產自銷的午餐與甜點。以木頭與日式素材營造的空間非常寬敞舒適。

1

2

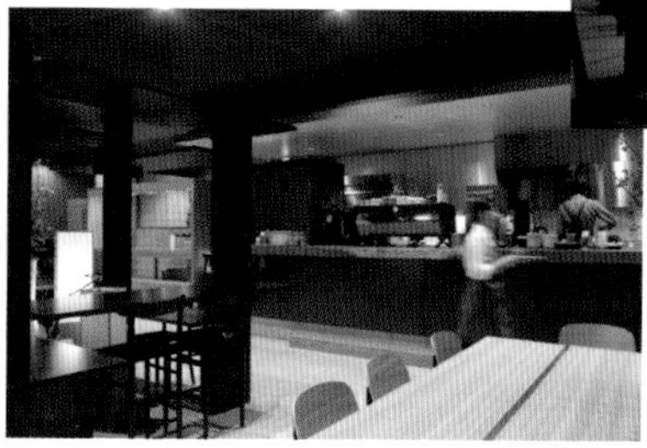

3

Unir總店
- □ 地址／京都府長岡京市今里4-11-1
- □ TEL／075（956）0117
- □ 營業時間／咖啡豆銷售10點～19點
  午餐11點30分～L.O.14點30分、咖啡10點～L.O.18點30分
- □ 例休／星期三
- □ 座位數／約40席（禁菸）
- □ URL／http://www.unir-coffee.com

就不該參賽的嚴峻世界，但是競賽能讓自己的技術升級，所以很鼓勵年輕人挑戰」。山本小姐參加競賽時，總是從一群比自己年輕的選手們脫穎而出，得到前幾名的獎項，充分展現身為咖啡師，是不需要講究年齡與性別這點。

「精品咖啡，同一個莊園只要採收了一次，下次能收成的時間就是一年後。為了讓顧客了解這件事，我們都會從『咖啡是一種農產品』開始告訴顧客。可喜的是，最近連顧客都能說出今年也進了○○莊園的豆子啊！感覺比去年還美味！像這樣的對話。我真的覺得長年來擔任『咖啡大使』的努力總算開花結果，顧客也陸陸續續地跟上來。」

對山本小姐而言，咖啡師就是宣傳咖啡的工作，也是她的生存之道。

向山本知子咖啡師請益

透過咖啡找到的生存之道

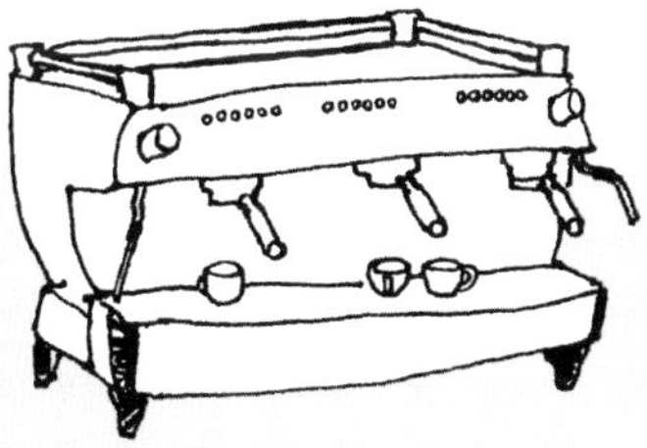

身為咖啡師的喜悅為何？

從顧客口中聽到自己推薦的精品咖啡「很好喝」時，就是身為咖啡師的喜悅。
說是為此才從事咖啡師一職也不為過。持續這份工作10年之後，
越來越多顧客會說「這個莊園的豆子比去年還好耶！」，
越來越多顧客關心咖啡豆的狀況，這點也是令我感到喜悅的部分。
我常在思考如何依照顧客、場所與狀況，宣揚咖啡的方法。

身為咖啡師之後改變的事

工作內容與前一份工作可說是大相逕庭，
但是在接待客人這點是一樣的。
我了解自己「喜歡跟顧客交流」這點，也知道讓顧客開心時，
就是我覺得幸福的時候。
所以如果顧客能喜歡我推薦的精品咖啡，就會讓我覺得這份工作很有價值。

身為咖啡師，
常在各種場面感到大量的喜悅與幸福。
「喜歡咖啡」這份強烈的心情
讓我有機會找到
「屬於我自己的生存之道」。

參加競賽的目的

我們之所以組成「Unir團體」，挑戰JBC這類的競賽，
是覺得咖啡師不能滿足現狀，必須時時提升自己。
採購的精品咖啡豆輪替速度很快，所以面對單一種咖啡豆的時間是很短的。
不過，參加競賽的話，就有機會好好地面對同一款豆子，
有機會了解該款豆子的魅力，
以及讓該款豆子發揮極限的美味。
這種經營也能確實地於工作應用。

能否給想成為咖啡師的人一些建議

希望能成為一名不想著滿足自己，而是想著滿足顧客的咖啡師。
每個人都會想早點學會萃取義式濃縮咖啡的方法，或是想學會拉花，
但是是否懂得累積知識與經驗，最後會從萃取的咖啡看出差異。
此外，不要只學一次就停止，
而是要定期參加SCAJ（日本精品咖啡協會）舉辦的講座，
不斷地積極學習相關的知識。

覺得咖啡師是適合自己的工作嗎？

我很喜歡咖啡，能一直將咖啡當成工作這點，也證明咖啡師是適合的工作。
顧客感到開心時，就是我的幸福，所以現在也很幸福。
不過開始這份工作之後，再也沒辦法放空地享受咖啡，
這點讓我覺得有些遺憾（笑）。
反而是「這樣真的能把咖啡煮得好喝嗎？」、「沒辦法煮得更好喝了嗎？」
一邊想這些問題一邊喝的機會越來越多。

身為一名咖啡講師

咖啡講師就是傳授咖啡知識與技術的人（職業）。讓我們一起追蹤在KEY COFFEE擔任助理講師的手島HOTARU小姐都在從事哪些工作。

採訪、撰文 山本AYUMI 攝影 是枝右恭

上圖／手沖咖啡的示範。學員都關注著講師的手部動作。
下圖／這天的講座是學習沖煮美味咖啡的「文化體驗課程」。

總是以笑容接待學員的手島HOTARU小姐。與學員打招呼，舒緩學員緊張也是講師的重要工作。

透過簡單易懂的課程與實際演練推廣咖啡的魅力

自1920年創業以來，在日本以領導企業之姿不斷持續成長的KEY COFFEE股份有限公司。該公司從1955年就持續舉辦的咖啡講座，包含在家裡煮杯咖啡的小祕訣以及適合餐飲業者或預定創業者參加的專業課程，目前學員人數已超過20萬人次。如此受歡迎的祕密在於咖啡講師細心的指導與充實的課程安排。

咖啡講師的工作內容非常多元，包含準備講座使用的器具、迎客飲料與資料的發送、幻燈片講義、實際演練的示範以及團體實作時，對每位學員的指導。

於KEY COFFEE擔任助理講師的手島HOTARU小姐一邊輔助講師，一邊觀察學員們的狀況。

資深講師金井育子小姐提到「手島

小姐很喜歡接觸咖啡與人群，講座進行時，也能觀察學員的反應再採取應有的行動。而且也為了掌握沖煮的祕訣而不斷地鍛練自己的沖煮技術。這兩點是成為咖啡講師的重要元素，希望她成為咖啡講師時，能透過這些技術讓更多人了解咖啡的魅力」。

1

2

3

4

5

6

7

8

1 上課時會學到許多基礎知識。例如，如何煮出美味的咖啡，以及咖啡從種植到成為商品的流程，以及哪些是具代表性的生產國家。

2 用來迎賓的咖啡是印尼蘇拉威西島產的「TOARCO TORAJA」，也是代表KEY COFFEE的咖啡。

3 這天使用的咖啡是2020年創業100周年的「新鮮香氛100年集大成」的商品以及「究極醇味的綜合咖啡」與「究極香味的綜合咖啡」。

4 確認萃取前的香氣。這款咖啡的特徵是濃厚的焦糖甜味。

5 咖啡講師的示範結束後就分組，每個人再依順序練習與試飲。圖中是以認真的眼神沖煮的學員們。

6 這是KEY COFFEE獨自開發的「圓錐形KEY水晶濾杯」。這款濾杯採用了能以最佳速度萃取咖啡的鑽石切面形狀。一注入熱水，咖啡粉就不斷膨脹正是咖啡豆很新鮮的證據。

7 手沖時，注入熱水的方式也是非常重要的。講師輕輕地帶著學員的手，指導如何注入又細又長的熱水。

8 在手島小姐的指導之下，學員們也漸漸地不那麼緊張，整個教室的氣氛也緩和許多。「細心的說明以及簡單易懂的回答，讓我覺得在家也能煮出美味的咖啡」，許多學員們都說出這樣的感想。

學習更深入的專業知識，再以自己的語言闡述目標是成為咖啡講師

手島 HOTARU 小姐

於東京都出生，2016年4月進入KEY COFFEE公司服務。在千葉縣的關東工廠經過研修後，同年5月開始，於行銷本部咖啡教室服務。

原本對飲食有極高的興趣，所以想從事與關於人體轉換成能量的東西有關的工作，因而進入了KEY COFFEE公司。

本公司的咖啡講師以增加咖啡愛好者為理念，因應不同對象，提供不同課程，例如讓更多人更廣泛、更快樂地體驗咖啡的課程，或是以專家為授課對象，傳授專業知識與技術的課程。

我現在擔任的是「文化體驗課程」與「進階課程」的助手，在3～4名的團體實際演練時，帶著學員們以濾杯、濾壺這類萃取道具實際沖煮咖啡，然後再給予建議。我很重視營造輕鬆聊天的氣氛與打招呼，也一直傳遞咖啡的知識與沖煮方法的重點。坐著上課時，除了一邊支援講師，也一邊觀察學員們的反應與表情。實際演練時，我知道很難讓學員完全理解課程，但是若能在此時傳遞關鍵的部分或重點，讓學員得到新的發現與知識，那真的是件很開心的事情。課程結束後的問卷若寫著「想繼續上進階課程」，或是詢問下次課程的相關事宜，對我來說都是一種鼓勵。

此外，每天參考講師前輩們的示範以及對於問題的回答，以便找出屬於自己的風格。學生時代很熱衷啦啦隊競技，喜歡聲援每個人，所以希望能成為擁有更多專業知識，並以自己的語言闡釋的講師。

除了自行萃取之外，咖啡還有很多品飲方式，其中之一就是花式咖啡與甜點的搭配。即使一開始不愛喝咖啡，只要做成花式咖啡，就能一口氣拓寬對咖啡的喜愛。此外，長期學習沖煮方式、沖煮知識與生產過程後，真的會因為窺見如此深奧的世界而感動。我也負責撰寫咖啡講座的部落格，也常介紹花式咖啡與搭配咖啡的甜點，若大家願意來部落格賞光，那真的是件令人開心的事。

KEY COFFEE的咖啡講座

以初學者到專家為對象，將課程分成三個階段。預約與洽詢請透過官網。
https://www.keycoffee.co.jp/seminar

- 文化體驗課程：「了解咖啡、沖煮咖啡、享受咖啡」，以此主題快樂學習咖啡的課程。
- 進階課程：在三個課程之中，進階學習咖啡的知識與萃取技術青銅課程（初級）、銀色課程（中級）、金色課程（高級）的課程。
- 學院課程：以餐飲業者為對象的課程（＊非餐飲業者也可參加）。

「文化體驗課程」
每月舉辦2～3次，每次招收12名學員，每名學費3000日圓（未稅）／約1小時30分鐘

KEY COFFEE「咖啡教室部落格」
https://www.keycoffee.co.jp/seminar_blog

健康美麗的女性都很常喝咖啡

東京藥科大學名譽教授
岡　希太郎

您是否聽過中高年紀以上的人說「咖啡對胃不好」、「小孩不該喝咖啡」的論調？不過隨著近年來的研究發現，越來越多「有利身體」的研究資料出現。接下來就為大家介紹其中「值得女性多多關注」的咖啡效果。

注意 近視女性的瞳孔！

近視的女性眼睛都很美。據說很多美女的眼睛都不好。為什麼視力弱，眼睛反而漂亮呢？其實這原本是沒有任何科學根據的鄉野雜談。話說回來，２０１６年６月，國際生醫研究期刊（Bio Med Research International ６月號）發表了視力正常的人光是喝咖啡因57 mg的咖啡，「眼睛的球面像差就會產生變化」。若同時將剛剛的鄉野雜談與這份科學報告擺在一起看，就能得出「咖啡因可控制眼睛晶體的厚度，正常視力的眼球，會因為異常的球面像差而變得美麗閃耀」。

如果再補充一點，晶體的厚度增加，會使眼珠稍微膨脹，反之則會內凹。光是這一點點的差異就能改變光線的反射角度，在別人眼中看起來也會覺得眼珠很閃耀才對。說得再簡單一點，喝了咖啡，趕走睡意之後，眼睛也會散發光采。咖啡的咖啡因能讓身心都醒來，所以能給予身邊的人「健康美」的印象。

另外的論文也提到，疲勞造成的眼球運動障害只需要一杯咖啡就能消除（科學報告期刊２０１６年５月號）。大家應該都能從這個實驗知道「自然的美麗來自健康」這件事。這代表覺得有點疲勞時，不妨藉助咖啡的力量。

利用咖啡解決黑斑

5月是播種黑斑的季節。在黃金週不做任何紫外線的預防措施，此時種下的黑斑就會冒出芽，事後怎麼消除也消不掉。5月的紫外線是一年最強的時候，尤其稱為ＵＶＢ的短波長紫外線會造成曬傷，也是定居在歐美的白人罹患皮膚癌（惡性黑素瘤）的主因。

為了預防ＵＶＢ引起癌症，目前已有摻了咖啡因成分的乳霜問世。細胞被ＵＶＢ照射後會產生氧化壓力，而具有消炎效果的咖啡因可化解這個壓力。此外，最近也有阿魏酸（組成綠原酸的分子）成分的乳霜問世。這種乳霜在歐美原本是用來預防皮膚癌的防曬乳，在日本卻當成預防黑斑的化粧品銷售。這該不會是日本人少有皮膚癌的原因吧！

波長長於ＵＶＢ的ＵＶＡ雖然不是皮膚癌的原因，卻會深達皮膚深處，造成真皮細胞與結締組織損傷，而這會造成健康皮膚所需的膠原蛋白變質，時間一久，變質的膠原蛋白不斷囤積，就會造成皮膚的皺紋，換言之，就算不是直接被陽光照射，時間一久，ＵＶＡ會使肌膚老化。此外，膠原蛋白的再生需要維他命Ｃ，喝咖啡可讓維他命Ｃ在體內存留的時間變長，所以也能讓維他命Ｃ更有效果。

另一方面，若想要讓皮膚遠離ＵＶＡ的傷害，可多攝取抗氧化的多酚，加強細胞的再生能力。或許大家不知道，咖啡是含有大量多酚的食品，咖啡因與多酚的交乘效果，可讓囤積在老舊細胞裡的廢物自行掃出。細胞這種自行大掃除的功能稱為自噬作用（Autophagy），在老化醫學的領域裡，是非常有魅力的研究主題。

什麼是細胞的廢物呢？指的是完成任務或破損的蛋白質、失去功能的粒線體或是類似物質，細胞會藉著自噬作用將這些物質還原為胺基酸。胺基酸會在合成必須蛋白質的時候回收。結果就是讓囤積在細胞裡的廢物減少，讓老化的原因消失，細胞也能有活力地活得長長久久。簡單來說，只要觸發自噬作用，減少進食量，也能攝取足夠的營養，這也代表非常適合減重，而且還能減緩老化速度，常保青春，所以自噬作用真的是非常重要的生理現象。

減少便祕與肌膚問題的咖啡

喝咖啡會讓青春痘這些肌膚問題增加……這種傳聞根本是子虛烏有，不過也沒有確實的證據指出咖啡能減少青春痘，不過卻有「喝咖啡能軟便」這種流行病學的資料。正確來說，喝了咖啡的人，約有三分之一會回答「大便變軟」（參考圖1）。這張圖是於德國調查共１０８８位正常人與患者的結果。眾所皆知，香菸非常不利健康，更遑論用來解決便祕的問題。在眾多食物之中，黑棗的效果最好，而第二有效的就是咖啡。不過，咖啡的效果沒有強到能促進排便。咖啡雖然具有促進腸道蠕動的成分，卻沒有強到能有自覺效果。

便祕會造成青春痘是已知的事實，那麼利用咖啡讓大便變軟，是不是就能減少青春痘？目前還沒

圖1　讓大便變得柔軟的休閒食品與變硬的休閒食品

（引用Eur J Gastroenterol Hepatol. 2005的圖，並且略作調整）

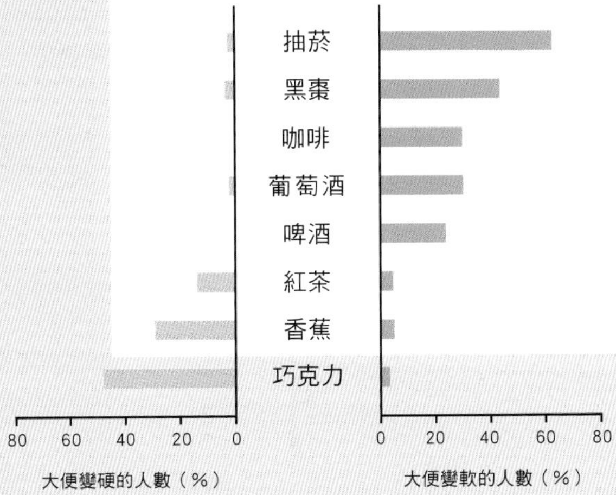

有確切的資料證實這個說法，不過，比便祕更會造成青春痘的原因就是糖尿病。咖啡可預防糖尿病這點幾乎已被證實，所以應該能改善不易出現青春痘的體質。不過，加入牛奶或砂糖的咖啡則會出現反效果，反而會使青春痘增加。為了讓咖啡發揮預防青春痘的效果，養成不加牛奶或砂糖，直接喝黑咖啡的習慣也是很重要的。

腸道菌也喜歡喝咖啡

自古以來就寄生在人體的腸道菌也隨著人類一起進化。這種細菌的體積雖小，但數量卻是人體細胞的3倍，其數約有100兆個之多，遺傳基因的數量更是人體的25倍以上。在前世期結束之前，大部分的人只知道腸道菌與肚子的狀況有關，卻沒人知道腸道菌與糖尿病、癌症這類生活習慣病息息相關。不過到了現在，要討論發炎性疾病、免疫疾病或癌症原因時，就少不了討論腸道菌。而且一如前述，腸道菌也與皺紋、黑斑這類老化現象有關。

腸道菌吃了人體無法消化的食物後會慢慢長大，而這些食物之中最重要的是纖維（參考圖2）。在此先下個結論，咖啡是富含纖維的飲料，而且還擁有蔬菜、水果、穀物所沒有的纖維。腸道菌會以分解其他纖維的方法分解咖啡的纖維，釋放出維他命與短鏈脂肪酸（醋酸、丙酸與丁酸），而這些由腸道菌製造的分子能讓喝咖啡的人變得更美麗與健康。

腸道菌可預防疫病，延遲老化，打造美麗與健康的身體。一如下頁的表1所示，咖啡能讓腸道菌發揮有助人體美麗與健康的效果，而腸道菌可讓大便變軟，也將纖維當成長大所需的營養。在這裡先簡單提一下最近跟腸內菌有關的重大發現。最具魅力的發現就是由腸道菌打造的短鏈脂肪酸之中，丁酸會與GPR109A這種受體結合。GPR109A分佈於大腸壁表面與大腸壁內部的免疫細胞裡，而最驚人的發現是表面的受體可改善醣質與脂質的代謝，藉此預防糖尿病，免疫細胞的受體可預防大腸癌。

GPR109A本來就是脂肪組織的菸鹼酸受體，而菸鹼是維他命B3的一種，也是必須透過飲食攝取的必須營養素之一。不過，透過飲食攝取而不足的分量則由腸道菌製造。自從發現這個受體，菸鹼酸就被視為「古老的新藥」。事實上很少人知道，烘焙過的咖啡豆也含有這麼厲害的菸鹼酸。

圖2　膳食纖維的種類與含有膳食纖維的食品

膳食纖維	種類	食品
非水溶性	非水溶性果膠	果實、種籽
	纖維素	所有植物
	木質素	豆類、種籽
水溶性	抗性澱粉	未成熟的果實與穀類
	糊精	澱粉不完全消化物
	水溶性果膠	蘋果、柳橙
	β-葡聚糖	香菇
	菊粉	牛蒡、洋蔥、其他
	洋車前子	蒟蒻
	葡甘露聚醣	蒟蒻
	半乳聚醣	寒天
	半乳甘露聚醣 落葉松萃取多醣 類黑精	咖啡萃取液

表1　咖啡對維持美麗與健康有貢獻的腸道菌效果

效果	相關成分	預期效果
軟便	咖啡纖維 （增加大便水分）	促進蠕動運動、排出老舊廢物、 預防青春痘與肌膚狀況
消化、分解纖維， 釋放局部的代謝物	咖啡纖維 （轉換成腸道菌的營養）	釋放短鏈脂肪酸與菸鹼酸 醋酸：預防病原菌的腸道感染 丙酸：預防腸道發炎 丁酸：與GPR109A結合
讓GPR109A活化	腸道菌製造的丁酸與菸鹼酸 （烘焙過的咖啡豆也含有菸鹼酸）	1. 改善糖分代謝，預防糖尿病 2. 控制免疫細胞，預防發炎與癌症 3. 改善肌膚狀況，消除分泌物與體臭

Nature 2016年7月號　從其他引用

綜上所述，喝咖啡可攝取咖啡與腸道菌製造的菸鹼酸，以及同樣由腸道菌利用纖維製造的丁酸，也讓這些物質與GPR109A結合，藉此預防糖尿病這類代謝疫病、發炎性大腸炎與癌症的夢想變得具體可行，也因此得到各界的關注，而且《自然》期刊（2016年7月7日號）還特別以專題介紹這個發現。

最近也有另一項發表指出在乳房組織發現與女性荷爾蒙各自獨立的GPR109A，而這個GPR109A能有效預防乳癌發生。此外，這個受體的有無也與乳癌轉移到肺的風險或抗癌藥能否發揮效果有關。可說是陸續發表了相關的新發現。

有誰能未卜先知地發現每天喝咖啡這個自古以來的生活習慣，居然能讓現代人變得更美麗與健康？今後有關咖啡的健康科學會如何發展，還真是令人萬般期待啊。

岡　希太郎

1941年於東京都出生，於東京藥科大學畢業後，在東京大學取得藥學博士，也前往史丹福大學醫學部留學。目前是東京藥科大學名譽教授。著有《請每天喝咖啡》（集英社）、《咖啡是種處方箋》、《一杯咖啡的藥理學》、《一杯咖啡帶來的活力》、《醫食同源的推薦》（醫學經濟社）以及其他著作。

就是想喝好咖啡

14.8×21cm　240 頁　定價 400 元　彩色

中川鱷魚的咖啡哲學

哲學①傾聽咖啡的聲音
哲學②透過咖啡傾聽自己的聲音

在一個契機下，與咖啡締結緣分，從此之後就是愛咖啡一族！
甚至自己開店，與員工大人（妻子）一同經營。

回想起來，從國中一年級快結束時，就愛上喝咖啡這件事了。明明不知道這麼喝是好還是不好，但我還是理所當然地一直喝，想必直到死的那一天都會繼續喝下去吧！ — 中川鱷魚

咖啡人不可錯過的一本收藏！在打開書之前，先來泡一杯咖啡吧～

日本亞馬遜五顆星誠摯推薦★★★★★

史上最精華咖啡學

18.2×25.7cm　248 頁　定價 450 元　彩色

第一位提出《咖啡學》的學者！
廣瀨幸雄 32 堂咖啡研究的精華課程
咖啡栽培、經貿、歷史、流行、醫藥全方位剖析
Q&A 一問一答，條理清晰輕鬆好記！

自稱咖啡愛好者的你，真的了解咖啡嗎？
想要了解咖啡，卻不知道從何下手？

這是一本「咖啡學」的入門書，為實現輕鬆學習，以一問一答的方式對咖啡知識進行了總梳理。「咖啡學」整理了與咖啡有關的各種知識，是特別獨創出的一門科學領域。廣瀨教授希望能透過以咖啡為題材的課程，實現大家多方位角度的學習和對自然科學的理解，並開拓人們對咖啡的興趣和關心，對增進理解科學技術做出一定貢獻。

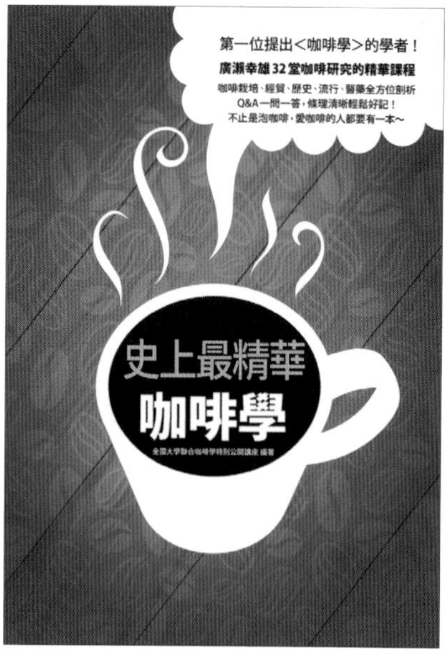

咖啡師 生存之道　18.2×25.7cm　152 頁　定價 350 元　彩色

光鮮亮麗的外表下，總有許多不為人知的辛酸故事。
頂著咖啡師這個光環，付出的努力絕對不是他人可以想像的。

成功並非偶然，而是一點一滴的血汗堆疊起來的，本書嚴選 20 家咖啡館、28 位咖啡師的奮鬥故事，期望能和朝著這個職業為目標的你，共同完成夢想。

如果能帶動起，就連對咖啡沒什麼興趣的人在內，大家都會喝咖啡，使整個咖啡業界更加經濟繁盛的潮流，那將會是件多麼美好的事情。

在創業、修業，或是奮鬥之途上有所迷惘，甚至感到不安，滿是挫折感的人，可以在閱讀完這本書後繼續秉持著熱誠，於現有環境裡「持續努力」。只要堅持到底，自然就會找到屬於自己的棲身之所。

丸山珈琲的精品咖啡學　19×24.3cm　112 頁　定價 320 元　彩色

到日本輕井澤必訪的冠軍咖啡 — 丸山珈琲
致力於提供最美味的精品咖啡

1991 年於輕井澤開張營業的自家烘焙咖啡店「丸山珈琲」，目前已於長野、山梨、東京、神奈川等縣展開 9 處咖啡分店，並努力成長茁壯。

丸山珈琲最大的特徵為直接由咖啡豆產地取得生豆。咖啡的味道及香氣會受豆子品種、產地土壤、氣候、生產處理過程所影響。如同葡萄酒會因葡萄的品種、生長土壤及收成年分等因素，味道有所差異的概念類似。

丸山珈琲隨時提供有約 20 款單品咖啡的銷售。其中更有透過咖啡國際品評會 COE 的拍賣競標所得標之頂級品。能夠隨著季節變換和當季最合適的咖啡相遇，便是丸山珈琲最吸引人的魅力。

TITLE

咖啡女子

STAFF

出版	瑞昇文化事業股份有限公司
編著	旭屋出版編輯部
譯者	許郁文
總編輯	郭湘齡
責任編輯	黃美玉
文字編輯	蔣詩綺　徐承義
美術編輯	孫慧琪
排版	執筆者設計工作室
製版	明宏彩色照相製版股份有限公司
印刷	皇甫彩藝印刷股份有限公司
法律顧問	經兆國際法律事務所　黃沛聲律師
戶名	瑞昇文化事業股份有限公司
劃撥帳號	19598343
地址	新北市中和區景平路464巷2弄1-4號
電話	(02)2945-3191
傳真	(02)2945-3190
網址	www.rising-books.com.tw
Mail	deepblue@rising-books.com.tw
初版日期	2018年3月
定價	350元

國家圖書館出版品預行編目資料

咖啡女子 / 旭屋出版編輯部編著；許郁文譯. -- 初版. -- 新北市：瑞昇文化, 2018.02
120　面；21 x 25.7 公分
ISBN 978-986-401-220-6(平裝)

1.咖啡

427.42　　107000610